いちばんやさしいアジャイル開発の教本

人気講師が教える
DX（デジタルトランスフォーメーション）を支える開発手法

インプレス

Profile

著者プロフィール

市谷聡啓

サービスや事業についてのアイデア段階の構想
から、コンセプトを練り上げていく仮説検証とア
ジャイル開発の運営について経験が厚い。さまざ
まな局面から得られた実践知で、業界・企業を問
わずソフトウェアの共創に辿り着くべく越境し
続けている。

新井剛

プログラマー、PdM、PM、開発部門長を経て、
現在はアジャイルで組織カイゼンを支援中。株式
会社ヴァル研究所のアジャイル・カイゼンアドバ
イザーとして組織開発支援。CodeZine Academyで
3つのアジャイル研修講師。代表書籍は「カイゼ
ン・ジャーニー」。

小田中育生

2009年 株式会社ナビタイムジャパンに入社し、
研究開発部門に配属。プロダクトや開発プロセス
のカイゼンを推し進め、2019年VP of Engineering
に就任。社内向けにカスタマイズしたアジャイル
ガイドラインの作成および導入推進を担当。2023
年10月にエンジニアリングマネージャーとして
株式会社カケハシにジョイン。

はじめに

アジャイル開発という言葉が生まれてから20年近く経過した現在、国内大手IT企業では今後3年間でアジャイル開発に関わるエンジニア数を合計3倍以上増やすという調査結果もあり（日経XTECH 2019/2/14）、アジャイル開発はもはや特別なものではなくなりつつあります。ですが、実際にはアジャイル開発を始めたいけれどもなかなか始められない、始め方がわからないという人は少なくないのではないでしょうか。そういった人々によりそい、一歩踏み出すための助けになるような「易し」くて「優し」い1冊になることを目指す。それが、本書を執筆する動機でした。

私自身、はじめてアジャイル開発の存在を知ってから10年ほど経ちますが、最初は取り組んでみたいという気持ちはありながらも、どう実践してよいかわからなかったものです。

一歩踏み出してからは、自社開発のチーム、他社と協働するチーム、さまざまなチームでアジャイル開発を導入していきました。チームごとに目指すもの、文化や制約事項は異なるため、ひとくちに「アジャイル開発の導入」といってもその進め方、やりかたは一様なものではありませんでした。そのなかにも存在している共通の考え方や、始めやすいプラクティス、そしてアジャイル開発を使いこなしながらチームを成長させソフトウェア開発のレベルを上げていくための方法論を身につけ、アジャイル開発というものを自分なりに理解してきました。

本書では、アジャイル開発の初学者がポイントをつかみ、実際にアジャイル開発を始めるための橋頭保となることを目指しています。アジャイル「開発」という名が示すように、技術者をターゲットとしているのはもちろんですが、経営者やマーケッター、セールスパーソンなど非技術者でもアジャイル開発を理解し実践できるように心がけました。

そもそも、なぜアジャイル開発を実践する必要があるのか。その「なぜアジャイルか」に向き合い、アジャイル開発がもたらす変化は何かを見据え、筆者たちが現場で培った、小さく始め、そして続けるためのノウハウを本書に凝縮しました。本書が、あなたがアジャイル開発をはじめ、そして実践していくきっかけになれば幸いです。

2020年4月 小田中育生　ハッシュタグ #アジャイルのやさしい本

いちばんやさしい
アジャイル開発
の教本
人気講師が教える
DXを支える開発手法

Contents
目次

<table>
<tr><td>Chapter</td><td>1</td><td>アジャイル開発の世界</td><td>page 11</td></tr>
</table>

Chapter 5 小さく始める アジャイル開発　page 107

Chapter **6** 上手に乗りこなすための
カイゼン手法 page **135**

Chapter 7 アジャイル開発の理解を深める

page 171

Chapter 8 アジャイル開発はあなたから始まる

page 207

Chapter

1

アジャイル開発の世界

アジャイル開発の世界へようこそ。最初の章では、アジャイル開発とは何なのか、基本的な部分を説明します。あわせてソフトウェア開発をとりまく環境についても解説します。

Lesson 01 ［本書の読み方］

アジャイル開発を始める

このレッスンの
ポイント

短いサイクルで開発とリリースを繰り返す、それが「アジャイル開発」という開発手法です。**第1章**では、なぜいまアジャイル開発が必要とされているのか、その背景から順を追って解説していきます。

◯ 本書の構成と読み進め方

アジャイル開発を理解するには、現在のビジネス環境を理解する必要があります。そのうえで具体的なやり方を学ぶことで、目的意識をもって取り組めるでしょう。本書はさまざまな立場の人が、それぞれの現場で役立てられるような構成になっています。図表01-1 を参考に、アジャイル開発に対する自分の理解度や現場の状況に応じて読み進めましょう。

▶ **本書の構成** 図表01-1

Chapter（章）	第1章 アジャイル開発の世界	第2章 なぜアジャイル開発なのか	第3章 アジャイル開発がもたらす変化	第5章 小さく始めるアジャイル開発 ステップアップ↓	第7章 アジャイル開発の理解を深める
			第4章 アジャイル開発の中核にあるコンセプト	第6章 上手に乗りこなすためのカイゼン手法	第8章 アジャイル開発はあなたから始まる
学べる内容	・ソフトウェア開発を取り巻く環境 ・アジャイル開発の概要	・アジャイル開発が必要となる理由	・アジャイル開発の価値と原則	・アジャイル開発の実践方法	・理解を深め実際に始める
対象とする読者	・非開発者など ・アジャイル開発についてまったく知らない人	・アジャイル開発を採用する理由を知りたい人 ・アジャイル開発の必要性を感じていない人	・アジャイル開発が生み出す価値を知りたい人 ・アジャイル開発とはなんなのかコアな部分を知りたい人	・アジャイル開発を実践したい人 ・過去にアジャイル開発へ取り組んだが挫折してしまった人	・より学びを深めたい人 ・アジャイル開発を実際に始めていきたい人

アジャイル開発の全体像が学びたい場合は第1章から、具体的なプラクティスや実践ノウハウが知りたい場合は、各章から読み進められる

●「アジャイル開発とは何か」を深く理解する

最初の第1章では、まずソフトウェアを取り巻く環境がどのように変化してきているかを学びます（**図表01-2**）。私たちが普段利用するソフトウェアにはどのようなものがあり、どのようにユーザーと関わっているかについて学び、アジャイル開発の前提となるソフトウェア開発に対して理解を深めます。この前提を押さえておくことでアジャイル開発への理解が深まります。

レッスン6以降ではアジャイル開発の概要、アジャイル開発の源流にある「カイゼン」という概念、そして現在アジャイル開発がどのような広がりを見せているかを理解していき、第2章以降の詳細なアジャイル開発に関するレッスンを理解する土台を作ります。

▶ 第1章で学ぶこと **図表01-2**

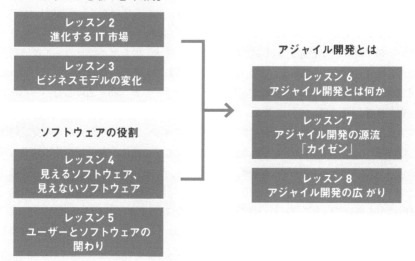

ソフトウェアを取り巻く環境

レッスン2
進化するIT市場

レッスン3
ビジネスモデルの変化

ソフトウェアの役割

レッスン4
見えるソフトウェア、
見えないソフトウェア

レッスン5
ユーザーとソフトウェアの
関わり

アジャイル開発とは

レッスン6
アジャイル開発とは何か

レッスン7
アジャイル開発の源流
「カイゼン」

レッスン8
アジャイル開発の広がり

第1章では、アジャイル開発とは何かを順に解説

あなたが必要だと感じるところから読み始めてもかまいません。

Lesson ［ソフトウェアを取り巻く環境①］

02 進化するIT市場

このレッスンの
ポイント

アジャイル開発が誕生してから約20年、日本においてもアジャイル開発への注目度は高まっており、実際に採用している現場も増加しています。その背景となっているIT市場の進化についてポイントを押さえておきましょう。

◯ 成長し続けるIT市場

本書の読者は、数値を持ち出すまでもなくIT市場が成長していることを肌で感じているのではないかと思いますが、あらためて数値でひもといてみましょう。「平成30年（2018年）特定サービス産業実態調査報告書」（経済産業省）によると、「ソフトウェア業」の年間売り上げ高は14兆8,401億円に上ります。2013年の同調査で報告されていた売上高から約9,000億円ほど増加しており、数字の上からも確かにIT市場が成長していることがわかります。その背景としてはインターネットの普及により消費者の行動が変化したこと、そしてワークスタイル変革に関する取り組みが活性化していることがあげられます。皆さんのまわりでも、決済が電子化された、使っていたポイントカードがアプリ化された、それまで紙とハンコで行っていた手続きがWebを活用したペーパーレスなものになった、といった変化があるのではないでしょうか。公共の交通機関に関しては決済の電子化が比較的進んでおり、国土交通省によると2015年の時点で累計1億枚以上の交通ICカードが発行されています。多くの移動者がSuica、PasmoをはじめとしたICカードを利用しています。

最後に紙のきっぷを利用したのがいつだったか思い出せないという人が多いでしょう。

● デジタルトランスフォーメーション（DX）への注力

2004年にスウェーデンのウメオ大学のエリック・ストルターマン教授により提唱された概念が「デジタルトランスフォーメーション」、略して「DX」です。ITを道具として活用するだけではなく、ITによりビジネスや生活を変革させていくことを表すのが、DXという概念です。もともと人間が行っていたことをITで置き換え

るのがこれまでのITとビジネスの関係ですが、DXが実現するのはITを前提とした新しいプロセスやビジネスです（図表02-1）。日本では経済産業省が「デジタルトランスフォーメーションに向けた研究会」を実施するなど、ここ数年DXへ注力した動きが見られます。

▶ DXとは 図表02-1

従来のビジネスと IT の関係

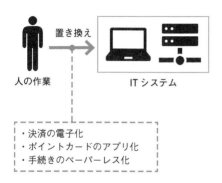

もともとあった作業からITへの置き換え

デジタルトランスフォーメーション（DX）

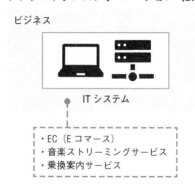

ビジネスとITシステムが融合

👍 ワンポイント　2つの異なるDX

ここで紹介した「DX」は企業のデジタル化（DX：Digital Transformation）を示すものです。実はもう1つ、「DX」と略される概念として、ソフトウェア開発者体験の充実さ（DX：Developer eXperience）があります。企業のデジタ

ル化を推進するためにはソフトウェア開発者の力が必要不可欠であることから、一般社団法人日本CTO協会（https://cto-a.org/）ではこの2つのDXを表裏一体のものとして扱っています。

○ ITを中心に変化するビジネス環境

総務省「通信利用動向調査」によると、スマートフォンの世帯保有率は登場から10年も経たないうちにPCを抜いています（図表02-2）。そして、近年では「スマホしか使ったことがない」という世代が社会人になってきています。

また、音楽配信サービスの普及やカーシェアビジネスの拡大からわかるように、消費者の行動は所有（音楽CD、クルマ）からサービス利用（音楽ストリーミング、カーシェアなど）へシフトしています（図表02-3）。そしてこういった変化の原動力となっているのがITの普及です。配信システムやシェアリングの管理はITなしに成立することは難しいでしょう。スマートフォンの普及などにより、消費者側にもITが普及しています。DXの動きが象徴するように、ITがビジネスの中心となる流れは今後も続き、その変化の流れも早くなっていきます。

▶ スマートフォンの世帯保有率 図表02-2

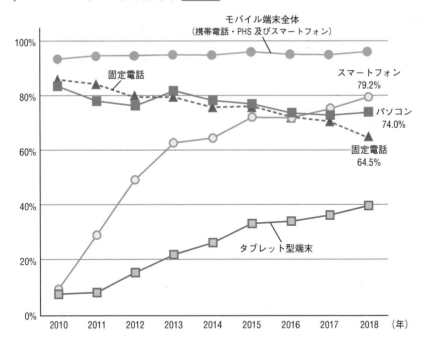

出所：総務省「平成30年通信利用動向調査の結果」をもとに改変

平成28年以降、スマートフォンがパソコンの世帯保有率を超えているのがわかる

▶ モノの所有からサービスの利用へのシフト 図表02-3

モノを所有する	サービスを利用する
音楽 CD	音楽ストリーミング

自家用車　　　　　　　　　　　　カーシェア

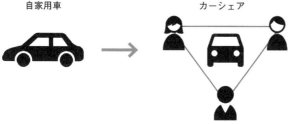

ITの普及により、モノを所有しなくともサービスを利用することが可能になった

本書で学んでいくアジャイル開発は、顧客が必要なものにフォーカスし、すばやくプロダクトを開発する手法です。変化の流れが速い現在のビジネス環境と非常に相性がよいものなので、しっかり学んでいきましょう。

👍 ワンポイント　モノ消費からコト消費へのシフト

このレッスン2で説明したように、モノを所有しなくとも必要なサービスを利用できるような環境がIT技術に下支えされ実現してきています。また、このコト消費へのシフトは、そもそも国内の消費が成熟化していること、つまり必需品がある程度いきわたっていることも背景にあります。モノが充足し、体験が求められる時代になってきています。

ビジネスモデルの変化

**このレッスンの
ポイント**

インターネットと携帯端末の普及によりソフトウェアのビジネスモデルが変化しています。具体的にはサブスクリプションビジネスの台頭です。このモデルが広がる背景、ソフトウェア開発への要求の変化を見ていきます。

○「売り切り型」開発からの脱却

2000年代以前、インターネットが普及する前のソフトフェア開発では、リリースすることがゴールとなっていました。リリースされたソフトウェアには手を加えることがないため、ビジネス環境の変化に伴いソフトウェアの価値が低減していくのが常でした。

近年、インターネットの普及に伴い、リリース後のアップデートが可能となった

こともあり、リリース時点で開発から手離れすることは稀になりました。ユーザーの反応をプロダクトに反映しながら改善し、ビジネス価値を向上させ続ける必要がでてきたのです（図表03-1）。また、スマートフォンの普及や4Gで実現された高速通信によりソフトウェアの市場はデスク上から手のひらにその主軸を移しています。

▶ ビジネス価値を提供し続ける 図表03-1

売り切り型のソフトウェア

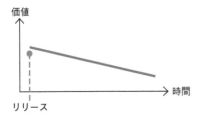

リリース後のビジネス環境の変化によって
価値が下がる

ビジネス価値を提供し続けるソフトウェア

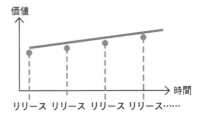

短期間でリリースを繰り返し、価値を向上

出所：IPA「アジャイル領域へのスキル変革の指針 なぜ、いまアジャイルが必要か?」をもとに改変

● サブスクリプションビジネス

Spotify、Netflixをはじめとしたサブスクリプションビジネスが活況を呈しています。国内でもメディアコンテンツやコミュニケーションの領域をはじめとして多数のサービスがあり、矢野経済研究所の調査では、2018年度の国内市場規模は5,627億3,600万円、2019年度以降も拡大していくという予測が出ています。

売り切りの販売価格でビジネスを成立させていた従来型のソフトウェアとは異なり、サブスクリプションモデルでは多くの場合、ユーザーが使いたいときに使いたい分だけ課金するような形になっており、長く利用してもらう、言い換えれば課金状態を継続させるビジネスモデルと

なっています（図表03-2）。

ユーザーには自分にとって必要なサービスであるか見極めるためのコストが小さくて済むというメリットがあり、提供側にはそのサービスをユーザーが気に入れば継続的な収入源となるというメリットがあります。一方で、初期費用がかかっていないために「せっかくだから使い続けよう」というユーザー心理はあまり働かず、より利便性の高い競合サービスが現れた際に乗り換えてしまうというリスクがあります。必然的に、サブスクリプションビジネスではユーザー体験の向上や機能追加といった継続的なサービス向上が求められていくことになります。

▶ サブスクリプションモデルの特徴 図表03-2

従来の売り切り型ビジネス

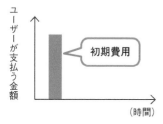

商品を「所有」する。購入時に一括で対価を支払う。競合に乗り換える際も一括で支払いが発生する（金額：大きい）

サブスクリプションビジネス

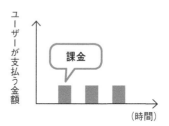

商品を「利用」する。利用時にそのつど対価を支払う。競合に乗り換える際は利用のためつど支払いが発生する（金額：小さい）

最近だと、4G の次世代である 5G が話題ですね。こちらも新たなビジネス環境を加速させていくでしょう。

● UX(ユーザー体験)の追及

ユーザーがサービスを利用して得られる体験をUX（User eXperience）といいます。ITサービスを利用する際のインターフェースとなるUI（User Interface）は見える部分、触れる部分といった機能的な要素を指しますが、UXはそれより広範な「体験」を表す概念です（図表03-3）。

直観的で使いやすい、必要な情報が得られる、ボタンを押してすぐに結果が返っ

てくるといった体験が得られると、ユーザーはそのサービスを使い続けたいと感じます。逆に、機能としては十分に備えているサービスであっても、使いづらかったりデザインが自分の好みと合わなかったり質が低かったりした場合、つまり質の低い体験、質の悪い体験をしてしまった場合は使い続けようとは思いません。

▶ **UXとUIの関係** 図表03-3

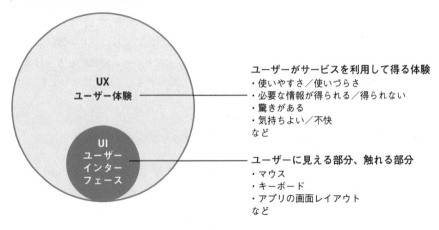

ユーザーがサービスを利用して得る体験
・使いやすさ／使いづらさ
・必要な情報が得られる／得られない
・驚きがある
・気持ちよい／不快
など

ユーザーに見える部分、触れる部分
・マウス
・キーボード
・アプリの画面レイアウト
など

よいサービスを実現するためには、UIだけでなくUXを意識する必要がある

> UX はユーザーがサービスを利用することで得られる体験ですが、サービスを認知する・購入を検討する・実際に購入するといった顧客（カスタマー）としてのあらゆる体験を指す CX（Customer eXperience）という概念があり、こちらも近年注目されています。

◯ ユーザーにとって必要なソフトウェアであり続けるために

このように、ソフトウェアのビジネスは売り切り型から継続的に価値を提供し続ける形へ変化しています。サブスクリプションビジネスでは、不要だと感じたユーザーは簡単に解約できます。ユーザーにとって必要なソフトウェアであり続けるためにリリース後に開発を継続、サービス向上していくことが必要になってきます。同時に「いま、市場で求められているソフトウェア」をタイムリーに市場へ届けることも求められています。

従来の企画と開発が分離した体制では、ユーザーの望んでいる価値を開発側に届け、また開発側から市場へ届けることに時間がかかってしまいます。<u>タイムリーな開発を実現するためには企画と開発が一体となりユーザーにとって価値あるものを創造していくことが必要</u>です。

▶ **ユーザーの期待に応えられる組織** 図表03-4

企画と開発が分離した組織

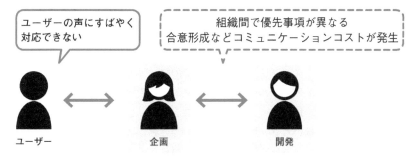

企画と開発が一体化した組織

企画と開発が一体となることで、すばやくユーザーの期待に応えられる組織が実現される

Lesson ［さまざまなソフトウェアの形］

04 見えるソフトウェア、見えないソフトウェア

このレッスンの ポイント

ソフトウェアを取り巻く環境が変化してきていることを学びました。ソフトウェアには<u>ユーザーが直接触れる部分とそうでない部分</u>がありますが、市場で求められ続けるには双方が連携し改善していく必要があります。

●「見えるソフトウェア」とは？

ここでは、ユーザーが直接触ることができるソフトウェアを「見えるソフトウェア」と呼びます（図表04-1）。あなたのスマートフォンにはどのようなアプリがインストールされていますか？ メール、チャットツール、乗換案内、地図……こういったアプリケーションはいわば「見える」ソフトウェアです。パソコンで利用するドキュメント作成ソフト（Wordなど）、スプレッドシート（Excelなど）などもこの部類です。誰でも一度は利用したことがあるのではないでしょうか。

また、表計算を効率的に行うために作成

するマクロやメールのフィルターなど、自分の仕事や生活を効率化するために作成するちょっとしたものも立派なソフトウェアの1つだといえます。

レッスン2で紹介したように、近年のソフトウェアはリリースしたらそこで終わりということはほとんどなくなってきました。特にここで紹介しているような、顧客から見て「見える」ソフトウェアの場合は厳しい競争にさらされているため、サービス自体を改良し続けていくことが半ば宿命づけられています。

▶ 見えるソフトウェア 図表04-1

商品として販売されている

メール　乗換案内　ドキュメント
作成

チャット　地図　スプレッド
シート

ユーザーが自分で作成する

メールのフィルター

手順のマクロ

ユーザーが直接触れたり作ったりできるソフトウェアが「見えるソフトウェア」

◯「見えないソフトウェア」とは？

パソコンでもスマートフォンでも最新の
メールが確認できる。自宅で途中まで読
んでいた電子書籍を、出先で利用してい
る端末で読み進めたところから続きを読
む。最新のヒットチャートが配信されて
くる。新しく開通したばかりの道路がも
う地図に反映されている。電車の遅延や
運休情報をリアルタイムに知ることがで

きる――。
こういった便利さを支えているのは、普
段意識することがない「見えないソフト
ウェア」です。これはサービス提供者側
が管理するサーバー上で動作する、ユー
ザーが直接には触れることがないソフト
ウェアです。

◯ サービス向上はシステム全体で実現する

図表04-2 が示すように、見えるソフトウ
ェアと見えないソフトウェアは分けて考
えるものではなく、組み合わせて1つのシ
ステムとして考えるものになります。操
作性の向上や見た目の改善など、ユーザ
ーが直接触れる部分に関しては「見える
ソフトウェア」が改善対象になります。
一方でデータを最新の状態に保つ、ユー
ザー数が増加しても安定稼働を担保する
といった要求に対しては「見えないソフ
トウェア」が担当することになります。
この「見えるソフトウェア」と「見えな

いソフトウェア」はソフトウェアに求め
られるもの、そして開発者に必要なスキ
ルが異なるため別組織で分担して開発す
るケースがあります。レッスン3であった
ように、現代では「いま、市場で求めら
れているソフトウェア」をタイムリーに
市場へ届けることが求められています。
そのためにはトータルのサービスとして
の品質が向上していくように、見えるソ
フトウェアと見えないソフトウェアを1つ
のシステムとして捉え開発していくこと
が必要です。

▶ 見えるソフトウェアと見えないソフトウェアでシステムを形成 図表04-2

システム

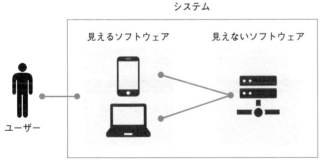

見えるソフトウェア　　見えないソフトウェア

ユーザー

ユーザーが直接利用する
「見える」ソフトウェア
とサービスを支える基盤
となる「見えない」ソフ
トウェアは連携し、1つ
のシステムを成している

05 ユーザーとソフトウェアの関わり

**このレッスンの
ポイント**

ソフトウェアをユーザーにとってよりよいものにしていく
ために必要な、ユーザーとの対話・データからの洞察につ
いて学びます。またサービスを支える仕組みについても理
解を深めましょう。

◯ 顧客とのエンゲージメント獲得の重要性

EC（電子商取引。Amazon、楽天など）の
ようにエンドユーザーと直接やりとりを
し、その関係性をはぐくんでいくような
システムでは顧客とのエンゲージメント、
すなわち「つながり」を得ることが大切
です。

エンゲージメントを強化するためには、
顧客の課題に基づいた解決策を提示し、
実際に利用したユーザーからフィードバ
ックをもらい、ソフトウェアを改良して
いきます。また、ビジネス環境の変化に

適応し、システムを進化させていきます。
スマートフォンアプリ、Webサービスの
ような日常的に触れるものは、まさにこ
の顧客とのエンゲージメントが重要視さ
れるシステムです。このようなシステム
はSoE（Systems of Engagement）と呼ば
れています。次ページで紹介するSoRと
対比されることが多いので、図表05-1 で
どのような違いがあるのか押さえておき
ましょう。

多くのWebサイトやスマホアプリには、ユーザー
からの声を受け止めるための「ご意見箱」のような
ものが設置されています。このように、フィードバ
ックを得やすいような工夫をシステムに入れ込んでお
くことで、ソフトウェアを改良するための道すじを
つけやすくなります。

● 安定と信頼が求められるシステム

銀行での記帳やスポーツジムの会員情報など、金銭や個人情報を扱うシステムには安定性・信頼性が求められます。サービスレベルでの保証が求められたり、厳密な仕様策定がなされたりするほか、その高い要求品質を満たすために動作確認やセキュリティの担保は丁寧に行われます。このように安定性、信頼性が求められるシステムはSoR（Systems of Records）と呼ばれています。SoRではその求められる性質から頻繁に機能の追加や変更を行うことが難しく、市場の変化に追随しづらいという課題があります。

▶ SoEとSoRの違い 図表05-1

SoE（System of Engagement）	SoR（System of Records）
・顧客との絆を築く、深める	・事実を記録する
・顧客が利用主体	・社員が利用主体
・迅速なリリース、UX重視	・安定性、信頼性
・フロントエンド	・バックエンド
・スマートフォンアプリ、Webサービス	・基幹業務システム
・オープン	・クローズド
・サービスレベルを決めにくい	・サービスレベルの保証
・仮説検証	・業務検証

出所：『カイゼン・ジャーニー たった1人からはじめて、「越境」するチームをつくるまで』（市谷聡啓著、新井剛著、翔泳社刊）より引用

ユーザーとのつながり（エンゲージメント）を重視するSoEとシステムに求められるSoRの違い

👍 ワンポイント SoEとSoRは共存する

SoEは書籍『キャズム』の著者として有名なジェフリー・ムーアが2011年に提唱した概念です。「SoRはもう古い、これからはSoEだ」といった主張がなされることもありますが、SoEはSoRの上位互換ではなく、互いに補完しあう存在です。

安定と信頼、そしてデータの記録を主眼に置いたSoRではそのシステムを利用する側の視点が欠落しやすく、それが「SoRは使いづらい、これからはSoEだ」という主張につながっています。使い勝手の面はSoEで、基幹部分はSoRでというすみ分けを行うことで双方の利点を生かすことができます。

● 顧客インサイトを考察しよう

レッスンの最初に「顧客とのエンゲージメントを高める」SoEについて解説しました。エンゲージメントを高めるための重要な手段の1つが、ユーザーの声を直接聞くということです。一方で、ユーザー自身が気づいていない課題や動機も存在しています。ここでは、その課題や動機を引き出す「顧客インサイト」について押さえておきましょう。

皆さんは、ヘルシーな食べ物とカロリーたっぷりのジャンクな食べ物、どちらがお好きでしょうか。その昔、マクドナルドで「サラダマック」というヘルシーなメニューが発売されました。これは消費者調査で多く出た「ヘルシーなメニューがあるとよい」という声を受けて発売したものですが、残念ながら芳しい売れ行

きではなかったようです。

逆に、通常のビッグマックよりさらに多いビーフパティを挟んだ「メガマック」、肉汁がしたたるような分厚いパティの「クオーターパウンダー」はヘルシーさの対極ともいえるメニューですが、大ヒットしました（『勝ち続ける経営』原田泳幸著、朝日新聞出版より）。

「ヘルシーなものが食べたい」といっているのに、実際には真逆の行動をとる。これは嘘をついているわけではなく、ユーザー自身も自分が本当に欲しいものが何なのか気づいていないのです。こういったユーザー自身が気づいていない本音や動機をサービス利用に結びつけるのが「顧客インサイト」です（図表05-2）。

▶ 顧客インサイト 図表05-2

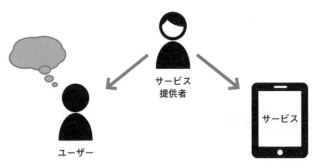

サービス提供者

ユーザー

サービス

ユーザーも気づいていないサービス利用への動機を発見する＝インサイト

メガマックがはじめて発売されたとき、私は大学院生でした。マクドナルドにいくと何人もの同級生がいて、皆メガマックを買い求めていました。若者の潜在的な要求をばっちりつかんでいたのでしょう。

● 顧客インサイトを得る仕組み

ソフトウェアをリリースしたものの、顧客の声に基づいて開発した機能が全然使われない、または特に不満はあがっていないけれどもサービスから顧客が離れていく、といったケースがあります。これは、開発したものが顧客の真の課題に届いていないことを意味します。ここで重要になってくるのが、実際に顧客がとった行動とそれに基づく分析です。分析を行い、とるべき行動を示す仕組みをSoI（Systems of Insight）と呼びます。

このレッスンで紹介したSoE、SoR、そしてSoIには 図表05-3 のような関係がありま

す。SoEからはユーザーがどう操作したかなどの記録を直接得ることができ、SoRからはサービス利用者全体の傾向などを分析できます。

ユーザーと接触するのはSoEの部分ですが、あくまでそれは氷山の一角です。SoE、SoR双方から得られるデータをもとにSoIで分析を行い、ユーザーに対して新しい価値を提供していきます。そこで行われるユーザーとの対話は、次の改良に向けた貴重なフィードバックになっていきます。

▶ SoE、SoR、SoIの関係 図表05-3

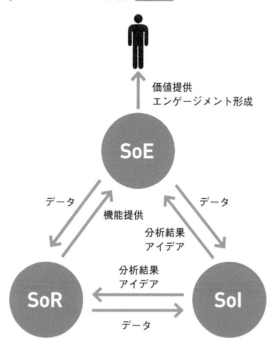

価値提供
エンゲージメント形成

データ　　　　データ

機能提供

分析結果
アイデア

分析結果
アイデア

データ

SoE、SoR、SoIをうまく組み合わせることで顧客とのエンゲージメントを強化する

Lesson 06 ［アジャイル開発の基本］
アジャイル開発とは何か

**このレッスンの
ポイント**

ソフトウェアや取り巻く環境について学び、いよいよ本題であるアジャイル開発に触れていきます。軽量で敏捷な開発手法と言われているアジャイル開発の基本的な開発の進め方や、背景となる考え方について学びます。

◯ アジャイル開発は「改善すること」が前提

ここまで学んできたことをおさらいしてみましょう。DXの浸透やサブスクリプションの台頭によりビジネス環境は大きく変化し、ソフトウェアは一度リリースして終わりではなく継続的なカイゼンが求められるものになりました。顧客が本当に求めるインサイトを得て、UXを向上させ、手放せないソフトウェアに進化させていく。こうした改善サイクルを実現するのが、これから学ぶ「アジャイル開発」の1つの狙いなのです。

アジャイル開発では、短い期間でリリースし、フィードバックを受け、改善するというサイクルを基本としています（図表06-1）。

一度リリースして終わりではなく、リリースしたソフトウェアに対するユーザーのフィードバック自体が開発サイクルに含まれる点がアジャイル開発の原則であり、特徴です。

また、Agility（すばやさ）という名が表すとおり、アジャイル開発ではそのスピードに重きを置いています。アジャイル開発の1つの流派であるスクラム開発では、一定の期間（スプリント）を開発サイクルとしていますが、このスプリントの長さは通常1～4週間となっています。裏をかえせばその期間で「ソフトウェアが動く」ところまで開発を進めるということになります。

ここまで学んできたように、現代のソフトウェアは改善し続けることが求められています。改善が前提となっているアジャイル開発が注目されているのも納得ですね。

▶ アジャイル開発のサイクル 図表06-1

計画作りで開発するアイテム
を決定後、開発してソフトウェ
アをリリース。フィードバッ
クをタスクリストに追加し、
再び計画作りを行う。以下こ
のサイクルを繰り返す

1〜4週間で「ソフトウェアが動く」ところまで開発を
進めるというのは、経験がないとかなり難しいことのよ
うに感じられます。しかし、あなたが使っているスマー
トフォンアプリの更新履歴を確認すると、かなり高頻度
にアップデートされていることに気づくでしょう。短期
間での開発は可能であり、実践もされているのです。

👍ワンポイント　内側からのフィードバック

本文中ではアジャイル開発の特徴につ
いて「短い期間でリリースし、フィー
ドバックを受け、改善する」と説明し
ました。このフィードバックは利用し

たユーザーから得られるものに限りま
せん。開発したチーム自身が気づいた
学びもフィードバックとして次の計画
に織り込まれていきます。

NEXT PAGE ➡

○ アジャイル開発の価値観を理解しよう

アジャイル開発の価値観は2001年に、アメリカのソフトウェアエンジニアであるケント・ベックらがまとめた「アジャイルソフトウェア開発宣言」で宣言されています（図表06-2）。この宣言が伝えたいことは、本来作るべきものを柔軟にすばやく作り、価値を届けようという考え方です。

この宣言からは「顧客インサイトにより本当に必要なソフトウェアを作る」「机上の空論ではなく実際に動くものを見て判断し、改善していく」という価値観を汲み取ることができます。

宣言はすべて「AよりもBを」という形式になっていますが、一点気をつけたいのは、「Aの概念が不要である」という価値観ではないという点です。アジャイル開発に対して「ドキュメントは要らないんでしょ?」「計画しないでとにかく手を動かすのがアジャイルなんだよね」といった捉え方をしてしまうことがありますが、これは誤解です。ドキュメントも計画も必要な場面は存在します。この誤解についての回答は第7章で詳しく解説します。

▶ アジャイルソフトウェア開発宣言 図表06-2

- ・プロセスやツールよりも個人と対話を
- ・包括的なドキュメントよりも動くソフトウェアを
- ・契約交渉よりも顧客との協調を
- ・計画に従うことよりも変化への対応を

出所：アジャイルソフトウェア開発宣言（https://agilemanifesto.org/iso/ja/manifesto.html）をもとに作成

アジャイル開発における重要な価値観が定義された宣言

👍 ワンポイント　アジャイル開発が大切にしている「スピード」

アジャイル開発の語源である「Agility」は日本語でいうと「機敏さ」「敏捷さ」を表します。ここで大切にしているスピードは「ゴールにたどり着くまでの速さ」というよりは、「起こった出来事に対してすばやく反応し、意思決定する」という臨機応変さです。1つ1つの開発サイクルにおいてリリースされるソフトウェアも、リリース自体がゴールになるわけではありません。そのリリースによって生まれた市場の反応、開発者自身の気づきから学び、次の開発サイクルの行動へとつなげていく機敏さこそがアジャイル開発において求められる「スピード」です。

● 現場によりそうアジャイル開発

このように、アジャイル開発は非常にシンプルな価値観の上に成り立っています。また、アジャイル開発が変化の対象としているのはプロダクトだけではありません。その開発の進め方自体も、開発サイクルが回るなかで変化していきます。あるサイクルで課題となったプロセスを次のプロセスで改善し、チーム自体が進化していきます（図表06-3）。

そのため、同じやり方で開発を始めたチームであっても、ある程度の期間「カイゼン」（生産現場における作業の見直し）を繰り返すことで、まったく異なった方法へと進化していきます。図表06-3は、最初は同じプロセスからスタートした2つのチームが採用するプラクティスの変更、複数のプラクティスの組み合わせといった変化を繰り返していく様子を表しています。

▶ 開発プロセス自体を進化 図表06-3

ケース1：メンバー同士でやっていることが見えづらいため、タスクボード（カンバン）を導入

2週間スプリントのスクラム 開発

△ スプリント中の状況がよくわからないという課題がある。タスクボードを導入し状況の見える化を行う

○ 変更や実験の頻度を上げたいのでスプリントを1週間にする

1週間スプリントのスクラム 開発 タスクボード

ケース2：コードレビューで手戻りが多いため、モブプログラミングを導入し齟齬を減らす

2週間スプリントのスクラム 開発

△ レビューでの手戻りが多いという課題がある。全員の座席が近いという利点を活かし、モブプログラミングを導入。手戻り減を狙う

○ モブプログラミングに手ごたえを感じた。スクラムイベントで同期をとる必要性が薄れたためスクラムをやめる。ただし、週に一度のふりかえりは残す

モブプログラミング 週一でのふりかえり

スプリント（一定の期間）を重ねながらチームの開発プロセスが進化していく。タスクボードはレッスン37、スクラムはレッスン27、モブプログラミングはレッスン48で解説

ここで登場するタスクボードやモブプログラミングといった用語は、第4章以降でくわしく説明していきます。

Lesson ［アジャイル開発の原点］
07 アジャイル開発の源流「カイゼン」

**このレッスンの
ポイント**

世界で通じる日本語の1つに"Kaizen"があり、アジャイル開発の源流の1つに数えられています。いまあるものをよりよいものに磨いていくため、計画と実績の差分を評価しながら継続的にカイゼンすることが重要です。

◯ 作業者主体で行われる"Kaizen"

世界で通じる日本語、"Kaizen"。このKaizenという言葉は日本においてもカタカナで「カイゼン」と表現されており、「改善」という単語とはあえて区別されています。

もともと改善という言葉は「誤りや欠陥を正し、よいものにする」という意味があります。カイゼンは「いまあるものをよりよいものにしていく」という精神に基づいており、より前向きで積極的なものだということがわかります。

このカイゼンは製造業が発祥となっている作業者主体の活動です。実際にものづくりを行っている人たちが中心となってプロダクトを、そしてプロセスをカイゼンしていくという姿勢はアジャイル開発の精神と非常に親和性が高いものです。

▶ 改善とカイゼンの違い 図表07-1

	何のためにやるか	いつやるか
改善	発生している問題を取り除くため	問題が発生したとき
カイゼン	現状をよりよい状態にするため	常に

「よくない状態を正す」ではなく「いまよりもよい状態にもっていく」という考え方はとてもポジティブですね。

○ カイゼンを支えるPDCAサイクル

継続的によりよいものにしていく「カイゼン」と相性のよいPDCAサイクルを紹介します。PDCAという言葉はPlan（計画）、Do（実行）、Check（評価）、Action（改善）の頭文字を取ったものです。

このサイクルの外側では期待する結果が定義されており、まずはその期待する結果が得られるように計画を立てます（P）。そしてその計画にそって実行（D）し、その結果が期待結果と一致しているか確認します（C）。もし期待結果と一致しているのであればそこで終了ですが、何かしらの不一致がある場合はなぜその不一致が起こったのかを分析し、その不一致

をなくすための施策を検討します（A）。このようにPDCAサイクルでは「発生している問題」ではなく「達成したい成果」を基準としており、継続的なカイゼンを前提としています。ソフトウェア開発は多くの不確定要素を内包しているため、事前に取得しうる情報だけで望ましい成果を得られることは稀です。となると、PDCAサイクルのように実際に行動してその結果をもとに次のアクションを決定していく枠組み、そして「継続的によりよい状態を目指す」カイゼンの考え方はソフトウェア開発を進めるうえで強い味方になってくれます。

▶ **PDCAサイクルの回し方** 図表07-2

計画と実績の差分を見ながらその差分を埋めるためのアクションを行い、ループを回すごとに期待する結果に近づいていく

👍 ワンポイント　**PDCAとOODA**

PDCAサイクルと比較されるものとしてOODAループがあります。OODAとは、Observe（観察）、Orient（方針決定）、Decide（意志決定）、Action（行動）の頭文字をとったものです。計画から始まり望ましい成果の達成を目指すPDCA

と、対象を観察しながら意思決定をしていくOODAループは、どちらが優れているとかではなく役割が異なるものです。ある程度方向性が定まり、カイゼンを推し進めたいフェーズではPDCAは強力な武器となります。

08 アジャイル開発の広がり

**このレッスンの
ポイント**

ここまでアジャイル開発の源流や市場の変化などを学びました。第1章最後のこのレッスンでは、アジャイル開発にどのような効果が認められどのように広がっていったのか、ここ日本ではどのような動きがあるのか見ていきます。

○ アジャイル開発がプロジェクトを成功へ導く

「アジャイル開発は、そうではない開発手法を採用した場合と比べて成功率が高い」といわれています。この成功率はアメリカのスタンディッシュグループという調査機関により計測されています。CHAOSReport2015によると、アジャイルを採用した場合はそうでない場合と比べて成功率が4倍であり、失敗する確率は1/3になると報告されています。図表08-1 にここでの成功と失敗の定義を示します。

また、同レポートでは規模ごとの比較も行っていますが、あらゆる規模においてアジャイルを採用したプロジェクトのほうが成功率が高いことを示しています。従来型の開発手法は変化への対応が不得手であるのに対して、アジャイル開発は変化することを前提とした手法です。不確実性のあるソフトウェア開発においてアジャイル開発の成功率が高いのはそのためです（第2章で詳しく解説します）。

▶ **成功と失敗の定義** 図表08-1

成否	定義
成功	スケジュール、コスト、スコープの3つの制約すべてを満たす
失敗	完了する前にキャンセルされた／完了したが使用されていない

これまでのソフトウェア開発の失敗から学び、アジャイル開発が生まれたともいえます。

○ 日本でも広がるアジャイル開発

日本情報システムユーザー協会（JUAS）提供の「企業IT動向調査報告書2018」によると、日本におけるアジャイル開発の導入状況は20〜40%程度。普及までにはもう一歩、といったところです。この本を手にとったあなたが所属する組織ではいかがでしょうか？

アジャイル開発のノウハウを共有する勉強会は国内のさまざまな開発者コミュニティで開催されています。また、勉強会を探すWebサイトもあります（図表08-2と図表08-3）。そこではアジャイル開発の実践方法についての解説やワークショッ

プのほか、実際にアジャイル開発を導入した現場での体験談なども聞くことができます。2000年代初頭は、海外から輸入されたアジャイル開発を日本の現場にフィットさせることに苦労していましたが、いまでは実際に生産性を向上させた事例が紹介されるなど、日本の現場でもうまくアジャイル開発が機能してきていることが実感できるでしょう。最近では経済産業省がアジャイル開発に挑戦するなど、いわゆる「お堅い」ところにまでアジャイル開発は広がりつつあります。

▶ **勉強会を探せるWebサイトの例** 図表08-2

サイト	URL	内容
Doorkeeperのアジャイルトピック	https://www.doorkeeper.jp/topics/agile-development	イベント管理ツールDoorkeeperのアジャイル開発に関するトピックス
TECH PLAYのアジャイルタグ	https://techplay.jp/tag/agile	イベント情報を集約したTECH PLAYのアジャイル開発に関するトピックス

▶ **定期的に開催されているイベントの例** 図表08-3

イベント名	URL	内容
Developers Summit	https://event.shoeisha.jp/devsumi	技術者コミュニティとの連携から生まれた総合ITカンファレンス
Agile Japan	https://www.agilejapan.org/	アジャイル開発の実践者、興味を持った人向けのカンファレンス
Regional Scrum Gathering Tokyo	https://2020.scrumgatheringtokyo.org/index.html	スクラム開発を実践する人が集い垣根を超えて語り合う場 ※年1回の開催で毎回URLが変わるので注意
DevLOVE	https://devlove.doorkeeper.jp/	開発を愛する人たちの集まり。メンバーは2020年2月時点で全国に10,000人。

① COLUMN

千里の道も一歩から

アジャイル開発では小さい単位、短い期間でソフトウェアをリリースし、フィードバックを受けながら改善していきます。このフィードバックを受けながら改善し続けていく動きを「フィードバックループ」と呼びます（図表08-4）。レッスン7で紹介したPDCAもフィードバックループの一種であるといえます。

このフィードバックループが成長をうながすのはソフトウェアだけではありません。日々の開発のなかでチームがフィードバックループを回しながら成長し、スプリントごとにソフトウェアが進化していきます。

そしてこのフィードバックループは、自分1人でも手軽に始めることができます。たとえば「日報」のような形で予定と実績を見える化し、そこのギャップから得られた気づきをもとに明日の行動へ活かす（図表08-5）。これも立派なフィードバックループです。いきなり劇的な改善を目指すのではなく、毎日少しずつ昨日よりよい状態になっていくことから始めてみましょう。

▶ フィードバックループ 図表08-4

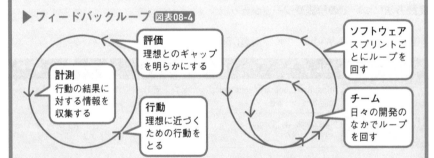

評価
理想とのギャップを明らかにする

計測
行動の結果に対する情報を収集する

行動
理想に近づくための行動をとる

ソフトウェア
スプリントごとにループを回す

チーム
日々の開発のなかでループを回す

▶ 1人でもできるフィードバックループ 図表08-5

日報
・やろうとしていたこと
・実際にやったこと
・気づき

理想と現実のギャップを見える化

明日の行動へ活かす

詳しくは5章、6章で学びますが、フィードバックループを回すためには現在の状況を明らかにする「見える化」が必要です。

Chapter

2

なぜアジャイル開発なのか

この章では、アジャイル開発が必要とされてきた背景について学びます。従来型の開発手法であるウォーターフォールについて理解し、その課題を学び、なぜアジャイル開発であるべきなのかを知ります。

[ウォーターフォール開発]

09 従来型の開発手法「ウォーターフォール」

**このレッスンの
ポイント**

アジャイル開発と対比されることが多い<u>ウォーターフォール開発</u>は古くから存在する開発モデルであり、ほとんどの開発現場で使われた実績があります。このレッスンでポイントを押さえておきましょう。

◯ 滝の流れのように進める開発手法

ウォーターフォール開発（以下、ウォーターフォール）とは、開発をいくつかの工程に分けて順番に取り組んでいく手法です。開発するものを明確にする工程と、その工程に対応したテストが存在します。また、それぞれの工程は時系列で並べられており、基本的に前工程への後戻りがないように（あったとしても最低限に抑えるように）進められます。なお、V字

の左側に開発工程を、右側に対応するテスト工程を並べたものをV字モデルと呼びます（図表09-1）。

ウォーターフォールは図にある工程通りに進行するため、進捗の確認が容易です。また、工程が完全に分離されているため明確な役割分担がしやすいなど多くの利点があり、ほとんどのソフトウェア開発の現場で使われた実績がある手法です。

▶ ウォーターフォールのV字モデル 図表09-1

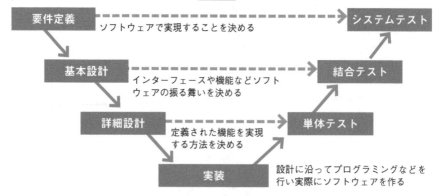

ウォーターフォールの各工程と対応するテスト。V字の左側に開発工程、右側にそれに対応するテスト工程が並んでいる

● 顧客の要求を実現するための要件定義

ウォーターフォールの工程の1つである「要件定義」について、少し詳しく解説しましょう。ソフトウェアを利用する顧客がほしいと思っているもの、ソフトウェアの利用を通して達成したいことを「要求」といいます。そして、この要求を実現するために必要な機能や性能が定義されたものが「要件」です（図表09-2）。顧客が必要としているもの、「要求」を引き出す作業はとても重要ですが、それをソフトウェアとして実現できるよう具体的に落としこんでいく「要件定義」も非常に重要な工程となります。

▶ 要求と要件 図表09-2

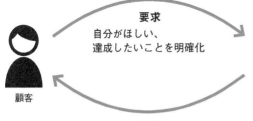

要求
自分がほしい、達成したいことを明確化

顧客　開発者

要件
要求を実現するために必要な機能、性能を定義

顧客がほしいもの（「要求」）を実現するために必要な機能、性能を定義するのが要件定義

ソフトウェアの開発は「要求」から出発します。この解説では顧客自らが要求を提示していますが、顧客インサイトにより開発側で要求を見つけ出すこともあります。要求を明らかにし、実現するために機能や性能を定義していく要件定義はウォーターフォールでなくとも重要な工程となります。

👍 ワンポイント　機能要件と非機能要件を理解しよう

要件には大きく分けて2つあります。開発対象に求められている機能、つまり主目的に関する要件は「機能要件」、性能や品質などに対する要件は「非機能要件」といいます。機能としては要件を満たしているけれども故障が多い、動作が重いとなってしまうと、実際には使えないものになってしまいます。要件を定める際には、この非機能に対する要件も明確にしておきましょう。

◯ 設計と実装

要件定義の次の工程である基本設計では、要件定義に基づいて開発する機能、ユーザーが利用するフロー、利用するためのインターフェースといった利用者が直接触れる部分についての設計を行います。

詳細設計はソフトウェアの内部構造を決定していく工程です。この詳細設計をもとに実際に手を動かしていくことになるため、ソフトウェアのメンテナンス性や安定性、品質に影響を及ぼす大切な工程になります。

実装は、実際にソフトウェアを作り上げていく工程です。ここでようやくプログラミングの出番となります。実装を通して動くものが作り上げられ、後工程である単体テスト、結合テスト、システムテストへと進んでいきます。

◯ 工程の切り替え

ウォーターフォールでは、各工程で開発担当者が切り替わることがあります。また、異なる会社間にまたがる場合もあります。そういった状況で各工程で作り上げたものを正確に伝えるために、詳細なドキュメントが作成されます。基本設計担当は要件定義担当が作成した要件定義書をもとに、詳細設計担当は基本設計担当が作成した基本設計書をもとに、自分の工程の作業を行っていきます。

▶ **工程間はドキュメントでやりとり** 図表09-3

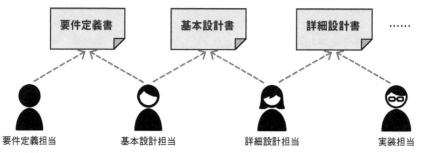

必要な情報が書かれたドキュメントをベースに工程を切り替えていく

👍 ワンポイント　アジャイル開発の「動くソフトウェア」

スプリントごとに出てくる「動くソフトウェア」は、ただ動くだけではなくリリース可能な状態になっています。ソフトウェアをリリースするためには、ただコードを書けばよいわけではありません。書いたコードが想定通りに動くかの確認、書かれているコードの担保といった工程が必要になります。

○ ウォーターフォールとアジャイルの違い

ウォーターフォールと私たちが学ぼうとしているアジャイル開発では、どのような違いがあるのでしょうか。いずれの場合も、要求がなければ何を作るのかが決まらず、設計がなければどうソフトウェアを作るのか定まりません。実装しなければ当然動くものができないし、テストがなければ作ったものが作りたかったものと合致しているか確かめられません。そのため、アジャイル開発でも要件定義や設計は行います。開発工程にある要素だけに焦点を当てると、実はウォーターフォールとアジャイルには多くの共通点があるのです。

では何が違うかというと、開発の進め方です。ウォーターフォールではその名のとおり滝が流れるように工程が進んでいく一方、アジャイルでは反復的に開発が進んでいきます。

ウォーターフォールでは各工程での成果物を完成品とみなしており、後工程での手戻りが発生しないようになっています。それに対し、アジャイル開発では一定の期間（スプリント）ごとに動くソフトウェアが作られ、次のスプリントではそのソフトウェアから得られた気づきをもとに要件レベルから見直しが行われます（図表09-4）。

また、ウォーターフォールでは各工程は一度ずつ行いますが、アジャイル開発ではスプリントの数だけ各工程を繰り返していくことになります。

▶ ウォーターフォールとアジャイルの違い 図表09-4

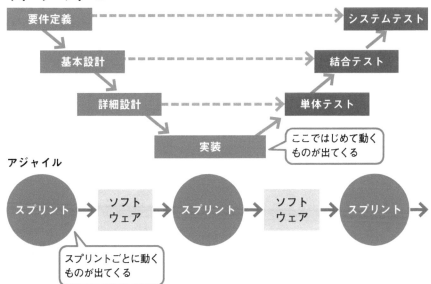

ウォーターフォール

要件定義 → 基本設計 → 詳細設計 → 実装 → 単体テスト → 結合テスト → システムテスト

ここではじめて動くものが出てくる

アジャイル

スプリント → ソフトウェア → スプリント → ソフトウェア → スプリント →

スプリントごとに動くものが出てくる

アジャイル開発では動くソフトウェアが出てくるサイクルがウォーターフォールより早い

Lesson

10

[作ったけれど使われない]

顧客が本当に欲しかったもの

**このレッスンの
ポイント**

ソフトウェア開発において [開発したけれど使われない] という問題があります。開発が始まった時点では何らかの課題を解決すると期待されていたソフトウェアがなぜこういった結末を迎えてしまうのでしょうか。

○ 完成した機能の6割は使われない

完成したソフトウェアのうちビジネスに貢献している割合について、レッスン8でも紹介したスタンディッシュグループが調査しています。それによると、ソフトウェアの3分の2の機能は使われていないという、少々ショッキングな数値が示されています（図表10-1）。「そんなはずはない」と思ったなら、PCやスマートフォンで利用しているアプリケーションを開いてみてください。おそらく一度も使ったことのない機能や、存在すら知らな

かった機能があるのではないでしょうか。また、インストールはしたけれど一度使ったきりだったり、そもそも一度も使わないまま存在を忘れていたアプリケーションすらあるでしょう。

もし知り合いにソフトウェアエンジニアがいれば「作ったものが使われなかった経験があるか」と尋ねてみましょう。酷な質問ですが、おそらく多くのソフトウェアエンジニアが「ある」と答えるはずです。

▶ **ソフトウェアの機能利用率** 図表10-1

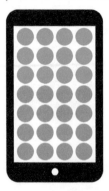

● 使用している
● 使用していない

6割以上の機能が
利用されていない

苦労して開発したソフトウェアが使われないというのは心情的にも悲しい出来事ですし、経済的にも機会損失となってしまうため、できれば避けたいですね。

● 動くソフトウェアで「本当に必要なもの」に気づく

なぜ、開発したものが使われないという悲劇が起こってしまうのでしょうか。これはシンプルに「利用者にとって必要なものではない」、つまり「利用者の課題を解決するものではない」からです。しかし、これは少し不思議な現象だと思いませんか？「誰にも使われない」ことを想定して開発されるソフトウェアがあるとは少々考えづらいためです。にも関わらず現実には誰も使わないソフトウェアが生み出されている。これは利用者の課題について開発側が正しく把握できておらず、本当のニーズから距離のあるものを開発してしまうのが原因です。

では、想定される利用者から事前に必要なものを聞き出しておけばよいのでしょうか。もちろん、すべてを想像で作り上げるよりは、はるかに必要なものへと近づけます。しかし利用者が自分自身の課題を理解し、言語化できているとは限りません。

図表10-2 にあるように、利用者が表明している「欲しいもの」を開発者が理解し、プロダクトを開発します。そして利用者はプロダクトを触ることで自分が表明した「欲しいもの」と「本当に必要なもの」のギャップに気づくことになります。これは「触ってみないとわからないことがある」ためです。

▶ 「欲しいもの」と「本当に必要なもの」のギャップ 図表10-2

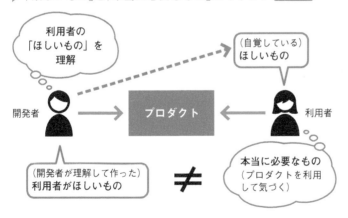

利用者がほしいと思っているものが、本当に必要なものかどうかは利用してみるまでわからない

Lesson 11 ［不確実性コーン］

ソフトウェア開発は 不確かなもの

このレッスンの
ポイント

> ソフトウェアの開発には<u>不確実性</u>がつきものです。どの開発工程でも不確実性は存在するため、開発期間の見積もりに幅を持たせる、頻繁に情報共有を行うなどの仕組みを導入することが求められます。

○ ソフトウェア開発が持つ不確実性

ソフトウェア開発が持つ不確かさを表現した、「不確実性コーン」と呼ばれるグラフがあります（図表11-1）。横軸は時間軸で、右側へ向かうほど開発の局面は完成へと近づいていきます。縦軸は見積もりに対してのブレを表現しています。

スタート地点に近いほど不確実性が高いことがわかりますが、これはなぜなのか、料理に例えて解説します。料理をする際には、まず何を作るかを決めます。これはコンセプトフェーズです。同じ牛肉という素材でもステーキにするのかシチュ

ーにするのかでかかる調理時間は大幅に異なるし、必要な調理器具や調味料も変わってきます。

材料と作り方が決まったあとであれば調理にかかる時間には大きな違いは生まれづらいでしょう。これはソフトウェア開発でいうと設計フェーズです。

コンセプトレベルでの変更はスケジュールにも用意するべきリソースにも大きな影響があること、<u>コンセプトが決まったあとであればその影響は軽微であること</u>がわかります。

👍 ワンポイント　VUCAの時代

VUCAとは、Volatility（変動性）、Uncertainty（不確実性）、Complexity（複雑性）、Ambiguity（曖昧性）の頭文字をとった言葉です。急速なテクノロジーの進化や複雑化する社会情勢などか

ら、現代はVUCAの時代に突入したともいわれています。ソフトウェア開発どころか、世の中自体が不確実性を持っているということがわかります。

● コミュニケーションの不確実性

不確実性は、作る対象であるソフトウェアだけでなく、作り上げる私たちのなかにも存在しています。情報が伝言ゲームで伝わっていくうちにもとの内容からかけ離れてしまうことや、自分が伝えたつもりになっていたことが相手には全然伝わっていないというのはよくあることで

す。人間は他者の考えや前提知識を完全に理解することはできません。そのため、このコミュニケーションの不確実性はどこでも発生します。組織構造や関係性によっては不確実性による問題が発生しやすくなっています（図表11-2）。

▶ 不確実性コーン 図表11-1

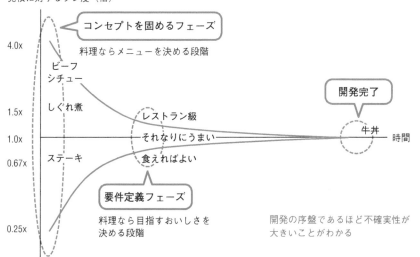

見積に対するブレ度（倍）

コンセプトを固めるフェーズ

料理ならメニューを決める段階

4.0x

ビーフシチュー

しぐれ煮

1.5x

レストラン級

開発完了

1.0x それなりにうまい 牛丼 時間

0.67x ステーキ 食えればよい

要件定義フェーズ

料理なら目指すおいしさを決める段階

0.25x

開発の序盤であるほど不確実性が大きいことがわかる

▶ コミュニケーションの不確実性 図表11-2

不確実性の要因	何が起こるか	どこで起こるか
伝言ゲーム	末端には大もとの情報と異なる情報が伝わる	ピラミッド型組織 複数のチームにまたがった情報伝達
自分と他人の前提知識・条件が異なる	情報を伝達した相手が自分が期待した行動とは異なる行動をとる	前提を共有していない状態での情報共有
「察してよ」文化（明示的に要望を伝えず、振る舞いから相手が察してくれることを期待する）	文脈を共有していないメンバーが期待に沿った行動をとることができない	高度に文脈が形成された組織。歴史の長い会社やチームに新しい人間が参加したとき起こりやすい

⬤ どのフェーズでも不確実性は存在する

コンセプトを固めるフェーズ、そして要件定義を行うフェーズではソフトウェアをどう実現するかという詳細な検討はなされていません。そのフェーズにおいて行う「いつ頃ソフトウェアが完成するか」という見積もりに高い正確性は期待できません。「〇月×日までに完成見込み」という1点見積もりではなく「〇月×日〜△月□日の間に完成見込み」という幅を持った見積もりのほうが、そのときの不確実性を正確に表現できるでしょう。

また、実現する機能がある程度固まった段階においても不確実性は入り込んできます。たとえばその機能を実現するのがWebサイトなのかスマートフォンアプリ

なのかによっても必要な期間、開発環境、そしてエンジニアのスキルセットは変わっていきます。

また、実装するフェーズでは予期せぬ不具合の発生、思うように機能が実現できないといった不確実性が発生します。これは設計の複雑さやエンジニアの習熟度、そして要求、要件の変更といった要素に左右されます。こういった不測の事態に対応するには、チームでの情報共有を頻繁に行い早期に問題をキャッチアップする、あらかじめバッファ（不確実性に対応するため見積もりにおりこむ余分な日程のこと）を用意しておく、といった対策があります（図表11-3）。

▶ 各フェーズにある不確実性 図表11-3

フェーズ	不確実性	対策の一例
コンセプト策定・要件定義	必要となるものが大きく変わってくるため、着地点がブレる	・幅を持った見積もり ・コンセプト作成者と開発者での頻繁な情報共有
設計	機能を実現する手段によって必要な期間、開発環境、スキルが異なってくる	・幅を持った見積もり ・必要なスキルセットの可視化
実装	予期せぬ不具合の発生 期待通りに実装できない 開発途中で要件が変更される	・チーム内での頻繁な情報共有 ・バッファの確保

👍 ワンポイント　開発の外側にある不確実性

開発を進めているメンバーが体調不良で休む、コアメンバーが退職するといった形でも不確実性は訪れます。また、2011年の東日本大震災、2020年の

COVID-19の大流行のような社会全体の不確実性も、ソフトウェア開発に影響を及ぼします。

● スマートフォンアプリの不確実性

近年ではスマートフォンアプリを開発するケースが増加しているので、スマートフォンアプリ特有の不確実性の例を1つ紹介します。

スマートフォンアプリを開発する場合には対応するOS、端末などが不確実性をもたらす要素となります。特にAndroidはさまざまなメーカーから端末が発売されており、画面サイズや端末のスペックには多くのバリエーションがあります（図表11-4）。また、スマートフォンアプリの場合は開発が完了後、プラットフォーマーによる審査を通過する必要があり、審査を通過できなかった場合はストアへリリースできず、予定したスケジュールを変更せざるを得なくなります。そのため審査があることは、不確実性をもたらす要因の1つといえます。よってスマートフォンアプリを開発する際にはストアでの審査にかかる期間を予測したスケジューリングを行うことが必要になってきます。

プラットフォーマーによる審査がもたらす不確実性については、このように期間のバッファをおくことで対処します。

▶ スマートフォンアプリ特有の不確実性 図表11-4

不確実性を生む要因	何が起こる?
OS	古い世代のOSと互換性を保つための開発が必要になる
画面サイズ	レイアウト崩れの発生 ある端末では最適だがある端末では使いづらい画面レイアウトになる
端末スペック	古い世代の端末や廉価製品でメモリ不足などにより動作が重たくなってしまう
ストア審査	リリースするまでに時間がかかる リジェクト（審査が通らずリリースできないこと）された場合、その対応に時間がかかる。場合によっては長期化する

> ストアの規約が更新され、以前は問題なく審査を通過した機能が規約違反となってしまうケースも存在します。なのでスマホアプリは常に不確実性と隣り合わせであるといえます。

Lesson 12 ［ムダ］
ソフトウェア開発の贅肉

**このレッスンの
ポイント**

ソフトウェア開発を進めていくなかで、プロダクトにもプ
ロセスにも贅肉がついていきます。この<u>贅肉は価値を生ま
ない余分なもの</u>ですが、どのようなムダが、なぜ発生して
しまうのか解説します。

● プロダクトの贅肉

プロダクトの根幹をなす部分は人間に例えるならば背骨です。利用者の課題を解決する機能は筋肉に相当します。一方で使われない機能、つまり価値を生まない機能はプロダクトの贅肉です。

レッスン10でも解説したように、多くの場合、不要な機能については開発してから不要だと気づくのです。プロダクトの贅肉は 図表12-1 に示したようなケースで発生します。

こういった贅肉は開発にムダな労力がかかるうえに、<u>保守運用コストが発生</u>します。これにより、プロダクトの競争力は失われていきます。

贅肉だらけになる前に、できれば開発途中でユーザーに実際に使ってもらったり、利用動向を確認しながら使われなくなってきたら機能を削除したりと早めの対応をしていきましょう。

▶ プロダクトに贅肉がつくメカニズム 図表12-1

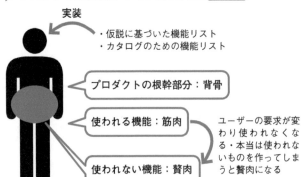

実装
・仮説に基づいた機能リスト
・カタログのための機能リスト

プロダクトの根幹部分：背骨

使われる機能：筋肉

使われない機能：贅肉

プロダクト

ユーザーの要求が変
わり使われなくな
る・本当は使われな
いものを作ってしま
うと贅肉になる

既存のソフトウェアにある
機能を実装したが使われな
いケース、以前は使われて
いたがユーザー側の状況が
変化し不要になったケース、
勘と経験で作るものを決め
てしまう「想定駆動」で作
るケース、などでプロダク
トに贅肉がつく

● プロセスの贅肉

ソフトウェアを開発するなかで、多くの約束事が生まれていきます。進捗の共有方法、リリースするための基準、リリースをする際に行う作業など。たとえば毎朝15分ほどチームで集まり状況を共有する「朝会」を実施している現場は多いのではないでしょうか。

こういった約束事はやがて「当たり前」になっていきます。そうすると「何のためにやるか」という部分が抜け落ちてしまい、形だけ継続するということになりかねません。結果として効果が薄い、または効果がない「プロセスの贅肉」が生まれてしまいます（図表12-2）。

▶ プロセスに贅肉がつくメカニズム 図表12-2

ある時点でのベストプラクティスが時間の経過とともに形骸化し、贅肉になる

● シェイプアップは楽じゃない

「無駄だとわかっているのなら、やめればいいじゃないか」。そう思うかもしれません。しかし「すでに存在しているプロダクトやプロセス」をなくすことは困難です。

既存のプロダクトには利用者がいます。Googleなどは提供する機能の取捨選択を大胆に行っていますが、ある機能の提供を停止した際には必ずといってよいほど「使っていた機能なのに残念だ」という声があがります。これは、ともすると利用者の心がサービスから離れていってしまうきっかけにもなります。そのため、一度リリースした機能を停止することには多くの開発者はためらいを感じるのです。

プロセスについても同様です。効果が薄いプロセスの撤廃を提案しても「たしかに時間はかかっている。けれどもこれまでやってきたし、必要なプロセスなんだ」という話になることが想像できます。一度始めてしまったことを止めるためには、大きな労力が必要となるのです。

本当に必要なソフトウェアを開発するためには、何度か作り直しをする覚悟が必要です。だからこそ、できるだけ無駄を省いて必要なことに集中したいところです。そのためには周囲に贅肉を落とすことを納得してもらう必要があり、なにより自分自身がそれを止める勇気と自信が求められます。

具体的には、定量的な指標、そしてプロダクトが目指すビジョンが必要です。利用者数はその機能の維持コストと見合っているか、ビジョンと合致した機能なのか。そのプロセスが生み出している価値は何か。たとえばリリース時に関係者へ送っている確認メールを送付先の関係者は見ているのか。1つ1つの「あたりまえ」を疑い、いまここで必要なものなのかを問い続ける。そういったプロダクトやプロセスへのまなざしが贅肉を削ぎ落とし、筋肉質なソフトウェアを作り上げていくのです。

> ついてしまった贅肉を落とすのが大変なのは人間もプロダクトも一緒です。たっぷりと贅肉がついてしまう前に日々プロダクトやプロセスをシェイプアップしていくのが一番です。

● 贅肉を「見える化」する

前のページで、贅肉をそぎ落とすための
アプローチとして『1つ1つの「あたりまえ」
を疑い、いまここで必要なものなのかを
問い続ける』ことが大切であると伝えま
した。もう少し具体的に、どう動くとよ
いか解説します。

まず、プロダクトの贅肉については「期
待している効果が得られているか」「利用
されているか」といった観点で定量的に
計測します（図表12-3）。期待値に達して
いない場合、機械的に機能を落とす決定

につなげるわけではありませんが、基準
に対しての効果や利用状況を把握するこ
とで意思決定しやすくなります。

また、プロセスの贅肉を見える化するた
めには、バリューストリームマッピング
という方法が有効です。開発が始まって
からユーザーの手に届けられるまでのプ
ロセスをすべて洗い出してみましょう。
すると、待ち時間が多いところや、いつ
も決まって手戻りが発生する箇所が見つ
けられるでしょう（図表12-4）。

▶ プロダクトの贅肉を見える化する方法 図表12-3

やること	わかること	例
その機能に期待する効果を数値で明確にする 実際の効果を定期的に計測する	その機能がもたらす効果が期待値に達しているか	機能利用者のサービス継続率が非利用者より10%以上高い
利用状況をモニタリングする	ユーザーに利用されているか その機能を維持するだけの利益が発生しているか	平均して週に一度以上使われているか確認する 全ユーザーのうち10%以上が利用しているか確認する

▶ バリューストリームマッピングの例 図表12-4

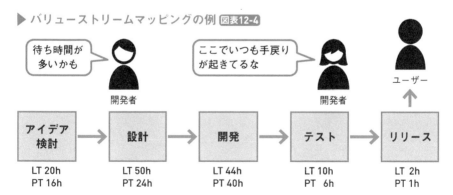

バリューストリームマッピングとは、開発
からリリースまでの工程（バリューストリ
ーム）を可視化し、その工程ごとに問題点
などをひもづけていく作業のことで、この
図をバリューストリームマップという

※手戻り……ある工程で問題が発生し、以前の
　　　　　工程からやりなおしすること
※LT（リードタイム）……完了までの時間
※PT（プロセスタイム）……手を動かした時間

［ウォーターフォールの課題］

13 手戻りできない ウォーターフォール

このレッスンの ポイント

ここまでソフトウェア開発が持つ不確実性やムダが発生する構造について学びました。このレッスンでは不確実性と向き合うことが苦手な<u>ウォーターフォールが抱える課題</u>について解説します。

○ 真の要求は実物を見てから現れる

ウォーターフォールは基本的に前の工程への後戻りがないという前提で成立しています。言葉を変えると「前工程に間違いがない」ことを前提とした開発モデルです。要件を見直す機会は最初の工程である要件定義に限られるため、この工程で正しく要件を洗い出し精査しておくことがすべての後工程における前提条件になってくるのです。

しかし、果たしてこれは現実的でしょうか。利用者が自分の要件を把握していないということは十二分にありえます。レッスン10で学んだように、実際にソフトウェアを触ってみないとわからないことがあるからです。

入念に要件定義を行い、開発を進め、システムテストに合格し世に送り出す。要件定義通りに動くはずなのに利用者からは不満の声が上がったり、思ったほど使われなかったりする。「動くソフトウェアなしには知りえない本当の要件」を、何も動くものがない段階で洗い出すことを前提としたウォーターフォールには、<u>本当に必要なものから乖離したソフトウェアを作り込んでしまうリスク</u>が織り込まれていることがわかります。

要件定義は、あくまでも仮説にすぎないのです。

● ウォーターフォールのコミュニケーション

ウォーターフォールでは後戻りが発生しないように各工程で作り込みを行います。作り込みの対象はソフトウェアだけでなく、ドキュメントも含まれます。たとえば詳細設計フェーズの成果物は、実装を行うための設計書になりますが、実装を行う開発者が設計通りに開発できるよう、想定しうる限り詳細に記述されている必要があります。このように次工程において滞りなく作業を行うための抜け漏れない情報の整理が求められるため、開発とは直接関係のない情報伝達のための作業

に時間がかかります。また、ドキュメントを受けとった後工程の開発者が要件や設計に疑問を持ったとしても、その疑問を共有し実際に要件や設計が変更される可能性は低いでしょう。これはウォーターフォールが一方向に進む開発フローであるということもありますが、前工程と後工程が別会社で実施される場合にそういった疑問を呈しづらい、という組織間のコミュニケーションによる課題もあります（図表13-1）。

▶ 重厚化するドキュメントと後戻りできないフロー 図表13-1

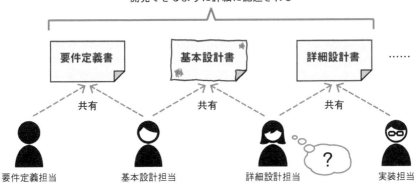

文脈を共有していなくても同じものが
開発できるように詳細に記述される

要件定義書　基本設計書　詳細設計書　……

共有　共有　共有

要件定義担当　基本設計担当　詳細設計担当　　実装担当

前工程のドキュメントに疑問を感じても、その必要性を問うような質問や、よりよいものづくりへつなげるための提案はしづらい

「文脈を共有せずとも同じものを作れるドキュメント」自体が必要な場面もあります。一方でドキュメントを作成する際の承認フローなど、プロセス面での贅肉が不要にドキュメント作成を重厚化させている場合があります。

○ ウォーターフォールと開発期間

前工程で遅延が発生した場合に、後工程で辻褄合わせのため期間が圧縮されるといった問題が発生します（図表13-2）。レッスン11で学んだように、要件定義など前段の工程ほど不確実性が大きくなります。そのため前段のフェーズで遅れが発生するのはある程度想定可能ではありますが、計画段階ではその遅れがスケジュールに加味されないことがままあります。

結果として前段の工程に遅れが発生すると、リリース予定を守るためにうしろの工程が圧縮されていってしまうのです。遅延する可能性をスケジュールに加味しない、実際に遅れが発生してもリリース予定の見直しをしないといった事象はウォーターフォール自体の課題ではありませんが、<u>後工程が圧縮されていきやすい</u>という構造上の課題があります。

▶ 前工程の遅れが後工程を圧縮する　図表13-2

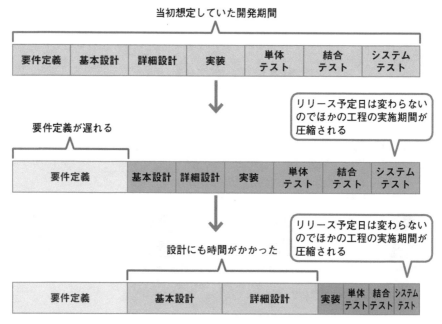

前工程が遅れた段階では全体でのスケジュール見直しが行われず、徐々に後工程へしわ寄せがいく

> 実際にものを作り上げる実装、作ったものが正しく意図通りに動くか確認するテストに十分な時間がとれない状態では、よいものが作れる可能性は低いでしょう。

○ フィードバックループが生まれない

いくつかの要件を形にしたあとで新しい要件に気づいたり、実装を進めるなかでよりよい設計を思いついたりすることがあります。アジャイル開発においてはこういった気づきは尊重されフィードバックループに取り込まれます。また、開発の進め方自体についても得られた気づきから改良が重ねられていきます。一方、ウォーターフォールでは工程は滝のように一方向へと進んでいくため、うしろの工程で得られた気づきが前の工程へ影響を及ぼすことはありません。また、工程が明確に分かれているため　開発の進め

方の気づきが共有され改良のループが回るということもあまり期待できません（図表13-3）。

ウォーターフォールは、良くも悪くも不確実性を減らすモデルです。確実に計画し、求められたスケジュールに求められたソフトウェアをリリースするという点ではすぐれていることは確かです。しかし、せっかく開発を進めるなかで得られた気づきをソフトウェアや自分たちの開発の進め方に反映できないというのは、なんだかもったいないと思いませんか？

▶ ウォーターフォールのデメリット 図表13-3

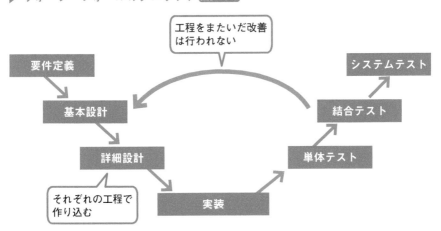

後工程で何か気づきがあっても活かされない

後工程のスケジュール圧縮は、厳密にいえばウォーターフォールの課題ではなくスケジューリングやマネジメントの問題ですが、ウォーターフォールに付随して発生しやすい課題です。

14 ［アジャイル開発の原則］
アジャイルは不確かさと踊る

このレッスンの ポイント

ウォーターフォールが不確実性を苦手とすること、ソフトウェア開発は不確実性を内包するものであることがわかりました。ここでは<u>アジャイル開発がどのように不確実性と向き合っているのか</u>を学んでいきましょう。

◯ アジャイル開発の構造

まず、アジャイル開発の構造について解説します（**図表14-1**）。アジャイル開発の根幹となるのが「アジャイルソフトウェア開発宣言」です。この宣言のマインドセットを実現するための行動指針が次の項で紹介する「アジャイル宣言の背後にある原則」です。そして、スクラムやXP（エクストリームプログラミング）などは実際の実践方法を示すものになります。

▶ **アジャイル開発の構造** 図表14-1

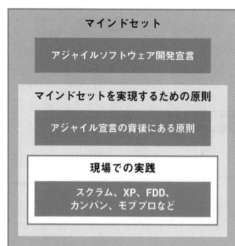

実践の背景には原則が、原則の背景にはマインドセットとしての宣言がある

アジャイル開発を進めていくうえで悩むことやうまくいかないことがあるときは、一度立ち止まって宣言と原則を読み直すとよいでしょう。方法論ではなく大切にしている考え方を見つめなおすことで、次に踏み出すべき一歩が見えてきます。

◯ アジャイル開発の原則を読み込もう

第1章で紹介した「アジャイルソフトウェア開発宣言」。その背後にある原則についてもWebで公開されています（図表14-2）。継続的かつ短い間隔でのリリース、ビジネスサイドと開発者の協働、対話の重視、絶え間ないカイゼン、ふりかえり、動くソフトウェアの重視。まさにアジャイルの原則として重視されている考え方が列挙されています。そのなかに「要求の変更はたとえ開発の後期であっても歓迎します」という原則があります。これは「いい加減な要求を許容し、後だしジャンケンでも快く受け入れましょう」ということではありません。ここまでのレッスンで紹介してきたように、ソフトウェア開発は霧のなかにいるような不確実な状況からスタートします。開発を進めてはじめてわかることがあるため、「開発の後期であっても変更を歓迎する」と宣言しているのです。

▶ アジャイルソフトウェア開発宣言の背後にある原則 図表14-2

- 顧客満足を最優先し、価値のあるソフトウェアを早く継続的に提供します。
- 要求の変更はたとえ開発の後期であっても歓迎します。
- 変化を味方につけることによって、お客様の競争力を引き上げます。
- 動くソフトウェアを、2～3週間から2～3ヶ月というできるだけ短い時間間隔でリリースします。
- ビジネス側の人と開発者は、プロジェクトを通して日々一緒に働かなければなりません。
- 意欲に満ちた人々を集めてプロジェクトを構成します。
- 環境と支援を与え仕事が無事終わるまで彼らを信頼します。
- 情報を伝えるもっとも効率的で効果的な方法はフェイス・トゥ・フェイスで話をすることです。
- 動くソフトウェアこそが進捗の最も重要な尺度です。
- アジャイル・プロセスは持続可能な開発を促進します。一定のペースを継続的に維持できるようにしなければなりません。
- 技術的卓越性と優れた設計に対する不断の注意が機敏さを高めます。
- シンプルさ（無駄なく作れる量を最大限にすること）が本質です。
- 最良のアーキテクチャ・要求・設計は、自己組織的なチームから生み出されます。
- チームがもっと効率を高めることができるかを定期的に振り返り、それに基づいて自分たちのやり方を最適に調整します。

出所：「アジャイル宣言の背後にある原則」（https://agilemanifesto.org/iso/ja/principles.html）より引用

この原則が作られた当時は「2～3週間から2～3か月」でのリリースが短い時間間隔とされていますが、今では1日に何度もリリースするような事例もあります。

● 不確かさと踊るメカニズム

図表14-2 にあるように「要求の変更はたとえ開発の後期であっても歓迎」するアジャイル開発。でも、ちょっと待ってください。一生懸命作ったソフトウェアがそろそろリリースされるという段階になってひっくり返されることを、あなたは許容できるでしょうか。「せっかく作ったのに」という気持ちの面でも抵抗があるし、そこまで投じたコストが無駄になってしまいそうで、にわかには受け入れがたいというのが正直なところだと思います。

アジャイル開発では、そのギャップを埋めるために実際に動くソフトウェアで確かめる、ビジネス側と開発者が協働しながら方向性を揃えるといった方法をとります。さらに、「小さく試して軌道修正」をすばやく行うことで、ソフトウェアにつきものの不確かさと向き合いながら大きな手戻りをできるだけ減らすことが可能になります。小さい変更なので心理的に許容できるし、変更の回数が多いことでそもそも変更することに対する抵抗感が薄れていきます（図表14-3）。

こういった行動の背景には「動くソフトウェアを短い間隔でリリースする」「ビジネス側の人と開発者は日々一緒に働く」「シンプルさが本質」といったアジャイル開発の原則があります。

また、「チームがもっと効率を高められるかを定期的に振り返る」という原則はソフトウェアを開発する人々、チームが成長していくために重要な役割を果たしています。定期的な振り返りのなかでチームが目指している状態と現在の状態のギャップを見つけ、そこを埋めるためにやり方を調整していく。こうしてチーム自体が変化していくことで、不確かさに向き合うしなやかなチームが育っていきます。

> アジャイルソフトウェア開発宣言もその背後にある原則も、とてもシンプルなものです。シンプルであるがゆえに解釈の余地があり、現場に合わせて最適化できます。

👍 ワンポイント　失敗も『学び』としてとらえる

短い間隔で開発するなかで、失敗することがあります。予定していた期間内に開発が完了しなかったり、完了はしたけれども期待した効果が得られなかったり。しかし、これは「期間内に開発を完了できなかった要因があった」「この方法ではうまくいかないと判明した」という学びを得られたということでもあります。

「失敗」というとネガティブに響きますが、ソフトウェア開発を進めるうえではこういった事象はポジティブにとらえ、学びとして未来への糧にしていきましょう。

▶ 変化を支えるアジャイル開発の原則 図表14-3

顧客満足を最優先し、価値のあるソフトウェアを早く継続的に提供します。
動くソフトウェアを、2〜3週間から2〜3ヶ月というできるだけ短い時間間隔でリリースします。

・小さく軌道修正することで手戻りが小さくなる
・変化への抵抗感がなくなる

情報を伝えるもっとも効率的で効果的な方法はフェイス・トゥ・フェイスで話をすることです。
ビジネス側の人と開発者は、プロジェクトを通して日々一緒に働かなければなりません。

・要求の変更に対して意図レベルで認識を捉えられる
・協働することで視座や価値観のズレがなくなる

原則のなかで求められる変化のスピード、変化するための働き方が提示されている

▶ アジャイル開発の原則から、現状とのギャップを知る 図表14-4

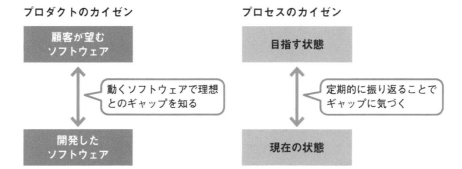

プロダクトのカイゼン

顧客が望む
ソフトウェア

↕ 動くソフトウェアで理想とのギャップを知る

開発した
ソフトウェア

プロセスのカイゼン

目指す状態

↕ 定期的に振り返ることでギャップに気づく

現在の状態

ソフトウェア、そしてチームの理想とのギャップを見える化しカイゼンポイントを明らかにする

👍 **ワンポイント ゴールは理想から、カイゼンは手元から**

開発するソフトウェア、チームのあり方、これらには理想の形があります。ゴールを見定め、どうアプローチしていくかを計画する段階では理想から逆算していくことが望ましいです。逆に、理想とのギャップを見つめカイゼンする際には「現在地からどれだけ前進したか」を見つめましょう。1つ1つ進むことで、段階的に理想へと近づいていきます。

Lesson [アジャイルソフトウェア開発宣言]

15 なぜアジャイル開発なのか考える

**このレッスンの
ポイント**

このレッスンは第2章のまとめです。ここまで学んだこと
を踏まえて、アジャイルソフトウェア開発宣言を読み解き
ながら「なぜアジャイル開発なのか」という点について考
えてみましょう。

○ アジャイルソフトウェア開発宣言を読み解く

ここで改めてアジャイルソフトウェア
開発宣言を読み解いてみましょう
（図表15-1）。

プロセスやツールは、あらかじめ定義さ
れている範囲においてはよい働きをして
くれます。しかし、言語化できていない
事実に気づき、見える化するためにはチー
ム内で対話をすることが重要です。こ
うして相互理解を深めることで、よりよ
いチームが形成されていくのです。

また、ドキュメントはあくまでソフトウ
ェアの未来予想図です。ドキュメントレ
ベルでは問題がないように見えても、「実
際にできたソフトウェアが必要なものと
異なる」という事態は十分に起こり得ます。
一方で、動くソフトウェアであれば実際
に触って判断できます。ソフトウェア開

発では少なからず「作り直し」が発生し
ます。契約により期待を明文化し意識を
揃えること自体は有意義です。しかし契
約内容を境界線としてしまうよりも、顧
客と協調し必要なソフトウェアを探索す
るほうがよりよいものづくりにつながり
ます。

そして変化というものは外部環境からも
やってきます。ガラケーからスマホへ。
4Gから5Gへ。計画にこだわり、変化を拒
むのではなく、変化はよりよい成果を生
み出すための機会ととらえる姿勢が望ま
しいでしょう。

このように、アジャイル開発の宣言には
不確実なソフトウェア開発を乗りこなす
叡知と覚悟が込められています。

● 本当に必要なものを作るために

ここまでのレッスンで学んだことを少しおさらいしてみましょう。ソフトウェア開発では、開発した機能のうち6割が使われないという事実があります。これは開発している側が利用者のニーズを把握できていないことや、そもそも利用者自身も自分が本当に必要なものを理解していないことから起こります。

変化が速いビジネスの世界においては、価値を市場に届けるまでのスピードが重要であることはいうまでもありません。ソフトウェアを開発する立場としては、自分たちの開発スピードを上げること、つまりスキルを磨き上げていくことが求められます。しかしそれと同じかそれ以上に、本当にやるべきことに集中し、不要なものは作らないという取捨選択が求められます。

ソフトウェア開発の現場で広く普及しているウォーターフォールは要件定義からリリースまで一直線に工程が進むため、軌道修正をするためのコストがかさむ傾向にあります。一方で、アジャイル開発は不確実性が存在することを前提としています。開発終盤であっても変更を歓迎するのがアジャイル開発の流儀です。この流儀は、利用者目線で考えると非常に理にかなったものです。

また、アジャイル開発では、開発しながら自分たちのやるべきことを見直し続け、カイゼンします。本当に必要なものを探索し続けるという点でも、そしてビジネスの世界が求めている価値をタイムリーに市場へ届ける点においても、アジャイル開発は強力な武器となっていきます。

▶ アジャイルソフトウェア開発宣言 図表15-1

私たちは、ソフトウェア開発の実践あるいは実践を手助けをする活動を通じて、よりよい開発方法を見つけだそうとしている。この活動を通して、私たちは以下の価値に至った。
・プロセスやツールよりも個人と対話を、
・包括的なドキュメントよりも動くソフトウェアを、
・契約交渉よりも顧客との協調を、
・計画に従うことよりも変化への対応を、
価値とする。すなわち、左記のことがらに価値があることを認めながらも、私たちは右記のことがらにより価値をおく。

よいソフトウェアには、世の中を便利にし世の中を変えていく力があります。そういうソフトウェアを開発するために、本書を通してしっかりとアジャイル開発を身につけていきましょう。

出所：「アジャイルソフトウェア開発宣言」(https://agilemanifesto.org/iso/ja/manifesto.html) から引用

⊙ COLUMN

現場への「Why Agile?」の伝え方

多くのエンジニアは、アジャイル開発に対してポジティブなイメージを持っています。では、「うちのチームでもアジャイル開発をやろう」という話をすればみんな飛びついてくれるのでしょうか？ 残念ながら、その答えはノーです。アジャイル開発自体には魅力を感じていても、自分の環境を変えるとなると話は別です。ここでもさまざまな「できない理由」が挙げられるでしょう。しかし、そこで「なんでわかってくれないんだ」と考えるのではなく、「どうすれば伝わるか」と考えてみることをおすすめします。「なぜアジャイル開発を自分たちのチームに取り入れたいのか」、それが伝わればメンバーも納得してくれるでしょう（図表15-2）。

たとえば本章で紹介したような、「ソフトウェアの6割は使われない」という話。この話をすると、だいたいの人は驚き、小さくすばやく作ることの重要性に気づきます。そして、あなたの現場が抱える課題にフィットした「なぜアジャイル開発なのか」という理由を伝えていきます。たとえば私（小田中）が自分のチームに導入していった事例であれば、チームが抱えていた課題は「期待されているスピードでプロダクトをリリースできていない」「作ったものが期待とずれる」という点でした。また、メンバー間でお互いの状態がよくわかっていないという課題もあり、互いのやっていることを見える化して高速に必要なソフトウェアを開発できるチームにしたい、という思いがもともとチームにはありました。

その気持ちを言語化し、なぜアジャイル開発かを伝えることで無事にチームでアジャイル開発を導入できました。アジャイル開発に限らずですが、「なぜ」それをやるのか、という行動原理の部分を伝え、共有することはとても大切ですね。

▶ **Why Agile? の伝え方** 図表15-2

必要性を感じていない・懐疑的である

気になるけど時間がない

いま別に困ってない

うちの現場に合うの？

アジャイルやろうよ

距離感温度差

アジャイルな環境

・「なぜアジャイルか」を伝える
・それぞれの心配事と向き合う

いまいる環境

あなたがアジャイル開発に巻き込んでいきたいと考えている人たちの目線で、なぜアジャイルなのかを伝えていく

Chapter

3

アジャイル開発が
もたらす変化

アジャイル開発が必要とされてきた
背景に続いて、この章ではアジャイ
ル開発が生み出す価値について学び
ます。アジャイル開発を実践すること
でチームは成長し、ソフトウェアを開
発するプロセスも進化していきます。

Lesson 16 ［アジャイル開発がもたらす変化］

チームの成長とプロセスの進化

**このレッスンの
ポイント**

アジャイル開発がもたらす変化について、第2章でも触れ
たアジャイルソフトウェア開発宣言を軸に学んでいきます。
宣言の中の価値観を体現することで<u>チームとプロセスに現
れる変化</u>を解説します。

🔵 アジャイルソフトウェア開発宣言を解釈し実践する

レッスン15で紹介したアジャイルソフト
ウェア開発宣言はとてもシンプルなもの
でした。この章では<u>宣言が重要視してい
る価値観がなぜ大切なのか読み解き、ま
たそれをどう実践するかについて解説し
ています。</u>図表16-1に書いたとおり、こ
の宣言をどう解釈し行動につなげていく
かは現場によって千差万別です。

ただ、何も手がかりがない状態ではなか
なか行動を起こしづらいでしょう。レッ
スン17から20では手がかりとして、筆者
の解釈と起こすべき行動について解説し
ています。たとえばレッスン19ではBtoB
とBtoCの事例を紹介するなど、なるべく
幅広い現場に適用できるような内容にな
っています。

▶ **アジャイルソフトウェア開発宣言の解釈と実践** 図表16-1

アジャイルソフトウェア開発宣言の価値観を自分たちで解釈し、行動していく

この宣言はシンプルながらに奥深いものです。
宣言の背景にある原則や、フレームワークの
1つであるスクラムのスクラムガイドなど、ア
ジャイル開発のドキュメントはシンプルで読み
手に解釈の余地を与えるものが多くあります。

● チームの行動が起こす変化

レッスン17から20で説明する「アジャイルソフトウェア開発宣言の価値観」を体現したチーム、つまりアジャイル開発を実践しているチームは職能横断型で自己組織化されたチームになっていきます。これが具体的に示す状況はレッスン21と22で詳しく解説します。また、こういったアジャイルチームがどのような成長戦略をとるのかについてレッスン23で触れていきます。

レッスン24と25では、ムダをそぎ落とし質とスピードを両立させたソフトウェア開発がどのようなもので、それを実現するために起こるプロセスの変化を学んでいきます。

▶ 第3章の全体像 図表16-2

👍 ワンポイント　チームとプロセスの変化がソフトウェアも変化させる

この章ではチーム、そしてプロセスの変化について扱います。この両者が変化することで、開発するソフトウェア自体も変化していきます。

顧客の声を聞きながら大事なことに集中し、贅肉をそぎ落としたソフトウェアはスピーディーに進化し続けていきます。

Lesson

17 個人と対話

［アジャイルソフトウェア開発宣言の実践①］

**このレッスンの
ポイント**

ここからレッスン20までは、アジャイルソフトウェア開発宣言が重視する価値が、<u>プロダクト、そしてそのプロダクトを作るチーム</u>にどのような変化をもたらすのかに注目していきます。

Chapter 3　アジャイル開発がもたらす変化

○ 対話がビジョンを紡ぐ

まず、「対話」とは何かを見ていきましょう。人と会話しながら答えを導き出していくという言葉には「議論」もあります。議論と対話の違いは何でしょうか。ざっくり説明すると、議論は自分自身の目線から主張を展開するものですが、<u>対話は相手の価値観を尊重し、ともに考えていくものです</u>（図表17-1）。

ソフトウェア開発では、明確な答えが1つしかないということは稀です。たとえば「よい地図アプリ」を思い浮かべてみてください。常に最新の情報が反映されている、経路探索ができる、航空写真を使用できる……。ひとくちに「よい地図

アプリ」といっても、そこにはさまざまな可能性があります。開発プロセスに目を向けると、納期、品質、コストなど、さまざまな優先するべき事項があります。これらには1つに定まる正解はありません。ソフトウェアを開発するチームが自分たちで定義するものです。

チームのメンバーが高いモチベーションで関わるためには、その定義に対して納得し、自分事として捉えていることが重要です。そのためには、お互いを理解し合いながら話し合う対話が望ましい手段となります。

▶ 議論と対話の違い 図表17-1

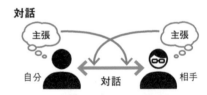

議論

主張 → 主張

自分　説得　相手

自分の主張を通すための議論
＝単一の視点による意思決定

対話

主張 ⇄ 主張

自分　対話　相手

相手と相互理解しながらの対話
＝多様な視点による意思決定

◯ チームを強くする対話

開発を進めるなかでも対話は重要です。ある機能を開発する際に、担当者はコーディングが終わったら完了だと考えており、ほかのメンバーは検証まで終わっていたら完了だと考えている。そしてマネージャーはその機能がサービス上で稼働している状態になってようやく完了だと考えている。このような認識の齟齬は日常的に発生します。

こういった齟齬が発生したときに「完了といったら検証までやるのが当たり前だ！」などと自分目線でまくしたてるのではなく、「そうか、コーディングまでで完了だと思っていたのだな」と相手目線で理解する。そして受け止めたうえで「自分は、検証まで済ませておくことを期待していました。なぜなら……」と自分の考えを示す。このように個人を尊重し、対話をしながらチームの課題と全員で向き合うことで相互理解が進み、それぞれが異なる立場からの視点を得ることができます。

このようにして信頼関係が構築されたチームでは情報共有が活発に行われます。うまくいっていることだけではなく、スケジュールの遅延などうまくいっていないことも共有されるため、問題が発生していても迅速にリカバリーできます。対話が相互理解を呼び、相互理解が強いチームを形作っていくのです（**図表17-2**）。

▶ 対話で相互理解を呼ぶ **図表17-2**

個人間の対話

対話により相互理解が進み多様な視点が身につく

チーム内での対話

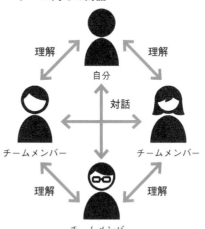

チームの相互理解が信頼関係を生み強いチームを作り出す

18

動くソフトウェア

**このレッスンの
ポイント**

本当に必要なものを探求するために「動くソフトウェア」は重要な役割を果たします。動くソフトウェアがあることでわかること、また動くソフトウェアに求められることを押さえておきましょう。

◯ 仮説の答えあわせ

そもそもソフトウェアは何かしらの課題を解決するためのものです。「この方法であれば課題を解決できる」という仮説を立てたうえで開発されます。仮説はあくまで仮説であるため、多くの場合、本来必要なものとの間にはギャップが存在します。

たとえば、「簡単に乗換探索ができるチャット機能」を考えたとします。経路を探索するためには「出発駅から到着駅」、ある駅の時刻表を表示するためには「〇〇駅の時刻表」という入力を行い、必要な情報が得られるソフトウェアを計画します。実際にユーザーに使ってもらったときに、このようにうまく期待通りの行動をとってくれるでしょうか。

図表18-1 のように、予期していない形式で入力されるかもしれません。また、想定していなかった機能をユーザーが期待していたことに気づくかもしれません。これが実際にソフトウェアを動かしてみることで気づけるギャップです。

当初立てていた仮説が正しいかを確認しないまま使い勝手の向上や付加価値を持った機能の追加など細部まで作り込んでしまうと、ユーザーの期待とずれていたり、ユーザーの行動パターンと合致していなかったりしたときに大きな手戻りが発生してしまいます。一方で早い段階から動くソフトウェアが存在していれば、早い段階でギャップに気づくことができ、仮説の軌道修正を行えます。

チャットボットの場合は実際にユーザーがどう入力するのかログが残るため、仮説の軌道修正がしやすいです。

● 仮説を検証する最低限の「動くソフトウェア」、MVP

仮説の正しさを早い段階で確かめるためには、実際にソフトウェアを動かすことが重要です。では、この「動くソフトウェア」はどのような状態であればよいのでしょうか。さきほどのチャットの例でいうと、「表参道 から 高円寺」で経路を探索する機能がなければ仮説が正しいかどうかを確かめることはできません。「動くソフトウェア」は、仮説の正しさを検証するために必要な最低限の機能を実装します。

価値を提供できる実用的で最小限の範囲のプロダクトのことを「MVP」（Minimum Viable Product）といいます。MVPであれば、必要なものしか作らないためコストが抑えられます。また、開発に要する期間も予定している機能や品質をフルセットで満たす場合と比べて短くなります。文字列を入力すると経路探索をしてくれる機能があり、ユーザーが任意の文字列を入力できるようになっていれば、たとえそれがコマンドライン形式であったとしても「簡単に乗換探索ができるチャット機能」のMVPであるといえるでしょう（図表18-2）。この最低限の形でも確かめたい価値を提供できるからです。

▶ 仮説と現実のギャップ 図表18-1

仮説に基づき開発したチャット

- 表参道から高円寺
- 鎌倉の時刻表

ユーザーの使い方

- 表参道〜高円寺
- 鎌倉、何時に電車くる？
- ここから町田まで

予期せぬ入力

動くソフトウェアがあれば、ユーザーが仮説通りに使うかどうか早い段階で確認し、軌道修正できる

▶ チャット乗換探索のMVPの例 図表18-2

```
>./chatcli
>usage:
>routesearch:"origin から destination"
>timetable:"origin の時刻表 "
>./chatcli" 表参道から高円寺 "…
```

コマンドラインなどで必要最低限の機能を提供する MVP

[アジャイルソフトウェア開発宣言の実践③]

19 顧客との協調

**このレッスンの
ポイント**

ソフトウェアを開発する側とそのソフトウェアを利用する顧客は、<u>ともに価値を作り出す大切なパートナー</u>です。目線と足並みを揃え共創していくことで本当に必要なソフトフェアを作ることができます。

○ 顧客とバックグラウンドを共有する

まず受託開発の場合で解説します。レッスン9で説明したように、要件定義ではソフトウェアで実現することを決めます。この要件には背景、解決したい課題が存在します。受託開発では要件を顧客が決め、開発者はそれに従って開発していくことになりますが、要件の背景となる課題が顧客と開発者とで共有されることがないまま開発とフィードバックのループ

を回しても、そうして作り上げたソフトウェアが顧客の課題解決につながる可能性は低いでしょう。
顧客と開発側が課題を共有できていると、より本質的なアプローチが可能になります。場合によっては、課題自体が再定義されていきます。背景を共有し共創関係を築くことが、本当に課題を解決できるソフトウェアへの近道となるのです。

▶ 要件の背景にある課題を共有する 図表19-1

従来型の開発

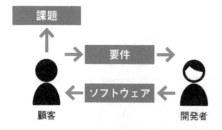

・顧客からは要件のみが開示される
・要件に基づきソフトウェアを開発
・基本的に作り直しなどは行わない

アジャイル開発

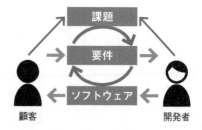

・要件の背景（課題）が共有される
・要件に基づきソフトウェアを開発
・反復的にソフトウェアを改良
・開発から要件にフィードバックすることもある
・課題自体がアップデートされる

● 顧客とプロダクトを作り上げる

続いて、自社開発の場合で考えてみましょう。自社開発の場合、顧客が抱えている課題について仮説を立て、それを解決する要件を考えること自体を開発側が行うことになります。

「契約交渉よりも顧客との協調を」がアジャイル開発において重視される価値観ですが、自社開発の場合はこの契約交渉はどういう形となって現れてくるのでしょうか。たとえば、顧客からのフィードバックに対して「それは使い方が悪い」「仕様どおりの挙動です」というようにいまのソフトウェアの挙動が正しいことを前提として判断してしまう、といった保守的な行動として現れます。

手塩にかけて開発したソフトウェアに対するネガティブなフィードバックは、はじめは受け入れづらいかもしれません。その心理的抵抗が、「いま提供している仕様としては正しい」と「要件」を盾にする形で現れてしまうのです。顧客からのネガティブなフィードバックがあるからこそ、プロダクトに潜む課題に気づくことができます。本当のニーズからのズレに気づくことができます。ユーザーボイス（顧客からのフィードバック）は顧客からの贈り物、プロダクトをよりよくするための宝です。一点注意が必要なのが、これは「顧客のいいなりになってものづくりをする」ということではありません。ユーザーボイスを尊重しながら、そのままいわれたとおりに開発するのではなく、その声の裏側にある本当の要望を見極めていきましょう。

顧客との協調がよりよいプロダクトを生み出していくのです。

▶ ユーザーボイスを開発にフィードバックする 図表19-2

・顧客の課題に対して仮説を立てる
・仮説に基づき開発する
・ソフトウェアを顧客に届ける
・フィードバックをもらう
・フィードバックをもとにカイゼンする

👍 ワンポイント　契約書は共創のための約束事

受託開発は会社間でのやりとりになるため、両社の間には契約が結ばれます。この契約をお互いの業務範囲の線引きとしてとらえるのではなく、共創しよりよいソフトウェアを作るための約束事だと捉えるのがアジャイル開発です。契約については、レッスン49で詳しく解説しています。

[アジャイルソフトウェア開発宣言の実践④]

20 変化への対応

**このレッスンの
ポイント**

変化を歓迎するアジャイル開発の考え方では、顧客ニーズや市場環境の変化は大きな成功をつかむためのチャンスであると捉えられます。コンセプトに関わるような方針の変更もいとわない姿勢がチャンスをモノにします。

◯ 意思決定はなるべくあとで行う

計画にこだわらず、変化を歓迎し適応していく。この価値観をどう実践していくのでしょうか。ソフトウェアを開発する際には期間や予算という制約があり、いくらでも変化させる余裕があるわけではないというのが実情です。制約条件を満たしながら、なるべく変化へ対応していくための戦略が「意思決定を遅らせる」です。

図表20-1 にあるように、初期段階では複数の可能性を平行して試していきます。この考え方を「セットベース」と呼びます。一方で単一の可能性に焦点をあてることは「ポイントベース」と呼びます。探索的にさまざまな可能性を試すセットベースはポイントベースと比べ時間がかかりますが、向かうべき方向が明確に見えてくるまではセットベースが好ましいでしょう。戦略レベルで変化を許容する作戦を織り込んでおくことが重要です。

▶ さまざまな可能性を試すセットベース 図表20-1

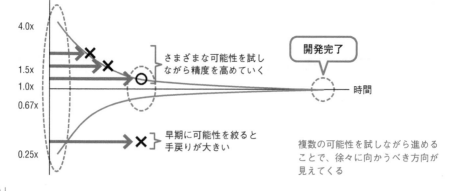

複数の可能性を試しながら進めることで、徐々に向かうべき方向が見えてくる

● 方針転換でチャンスをつかむ

YouTubeを使ったことがあるという人は多いでしょう。しかし、この世界最大の動画共有サイトがもともとはデート相手を探すマッチングサービスだったということをご存知の方はあまりいないと思います。デートとは関係のないユーザーが増加し、その利用傾向に合わせてソフトウェアの方向性を転換した（ピボットした）ことが功を奏した、世界でも有数のピボット成功事例です。これが当初のサービスにこだわってユーザーに「正しい」使い方を共有していたとしたら、果たして今日のYouTubeの成功はあったのでしょうか。

YouTubeの場合はかなり極端な成功例ですが、たとえば 図表20-2 にあるように飽和している市場（レッドオーシャン）から新興市場（ブルーオーシャン）へ方針転換することでビジネスチャンスをつかむという戦略もあります。

セットベース戦略で変化に強い開発プロセスを構築し、ニーズと市場からそのときに最適な方向へピボットする。こういったフットワークの軽さがアジャイル開発の武器であり、変化をチャンスととらえるための土台となるのです。

▶ ピボットによってチャンスをつかむ 図表20-2

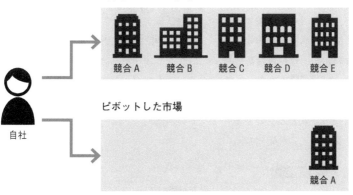

競合するプレーヤーが多く存在する市場からほとんど競合がいない市場への方向転換（ピボット）の例

変化が激しい時代だからこそ、時には大胆な方向転換が必要になっていきます。

21 ［タックマンモデル］ 職能横断型チーム

**このレッスンの
ポイント**

ここから**3つのレッスン**は、アジャイル開発を採用したチームがどう変化するのかを解説します。このレッスンでは組織の壁を超えた職能横断型チームがどのように形成され、力を発揮していくのか学びましょう。

⚪ 組織の壁を超えたチーム作り

ソフトウェアを開発するためにはさまざまなスキルが必要になります。たとえばスマートフォンのアプリで考えてみましょう。ユーザーが直接操作するアプリケーション部分と、サーバーで稼働するプログラム、そしてサーバーが参照するデータ。それぞれの開発には高度な専門性が求められます。 図表21-1 からわかるように、1つのソフトウェアを構成するためには複数の専門領域が関わる必要があります。この、ソフトウェアを開発するの

に必要な専門家を集めた組織を「職能横断型チーム」と呼びます。

作るソフトウェア（プロダクト）の価値を最大する役割を「プロダクトオーナー」と呼びますが、この役割も職能横断型チームの中にいることが望ましいです。プロダクトオーナーはチームの外にいるステークホルダーとコミュニケーションをとりながら、作るもの、作る順番を決めていきます。

▶ 職能横断型チーム 図表21-1

職能横断型チーム

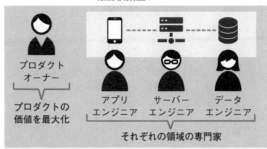

ステーク
ホルダー

利害関係者、ユーザー、
出資者、ビジネスオーナー
など

プロダクト
オーナー

プロダクトの
価値を最大化

アプリ
エンジニア

サーバー
エンジニア

データ
エンジニア

それぞれの領域の専門家

ソフトウェアを開発するのに必要な専門家が揃ったチーム

チームの混乱期を超える

ソフトウェアを開発するために必要な専門家を揃えられれば、よいソフトウェアができるのでしょうか。人にはそれぞれの価値観や仕事の流儀があります。人を集めればチームができあがるわけではなく、初期段階ではただの集まり、「グループ」に過ぎません。いざ仕事を始めてみると、価値観や流儀の相違によりメンバー同士でぶつかり合っていきます。ここで意見をぶつけ合い協働することで、共通の行動規範が生まれていきます。最終的にはそれぞれの専門領域、持ち味を活かしながら成果を生み出していく機能的なチームへと成長します。このチームの成長段階は「タックマンモデル」というフレームワークで「形成期」「混乱期」「統一期」「機能期」と名づけられています。異なる専門領域のメンバーで構成された職能横断型のチームでは、同質性の高いメンバーで構成されたチームと比べて混乱の度合いが大きくなります。これは個々人が有している背景や知識、その専門領域で育まれた価値観が異なるために発生します。プロダクトに対する考え方のような大きな話もあれば、横書きの文章で「。」を使うか「.」を使うかといった細かいところまで価値観の相違は発生しえます。

アジャイル開発では「個人との対話」を重要な価値観としています。はじめはわかり合えない専門家同士であっても、この対話を通して互いの価値観を認め合っていけます。そのようにして混乱期を乗り越えたチームは、多様な専門領域を持ち合わせながら共通の規範を持ち、同じ目的に向かって動けるため、非常に大きな力を発揮できます。

▶ タックマンモデル 図表21-2

チームは価値観の違いによる衝突を乗り越えながら成長していく

形成期

こんにちはー

こんにちはー

混乱期

それは違う

そっちこそ違う

統一期

ビジョン

共通の規範ができるリーダーが牽引

機能期

ビジョン

自律的にビジョンへ向かいことができる

22 [チームの機能期]
自己組織化チームと
リーダーシップ

このレッスンの
ポイント

チームが統一期から機能期へとステップアップするための
キーワードが「自己組織化」です。自律的に動くチームでは、
リーダーの役割は「引っ張ること」ではなく「支援すること」
です。

◯ 自ら選択し行動する自己組織化チーム

図表22-1 が示すように、自己組織化チームとはひとことでいうと「自走できるチーム」です。自分たちがなぜここにいるのかを理解し、またお互いの得意分野がわかっているため自分たちで最適なフォーメーションを組みながらビジョンへと向かっていきます。リーダーの意思決定を待つことなく自己修復的に課題を解決

していく。それが自己組織化チームの底力です。

謙虚さ、尊敬、信頼を前提におきながら自ら考え行動する。行動の結果から学習し成長する。このような地道なプロセスを通し、チームは自己組織化し、機能期へと入っていきます。

▶ 自己組織化チーム 図表22-1

・共通のビジョンのもと、自ら判断し動くことができる
・必要なスキルを保有し、また必要となるスキルを自ら
　身につけることができる
・想定外の事態に自ら判断し対応することができる

👍 ワンポイント　チームに欠かせないHRTの原則 とは？

他人から学び（謙虚さ＝Humility）、相手の意見や行動を尊重し（尊敬＝Respect）、仕事を任せる（信頼＝Trust）ことを尊重する「HRTの原則」は『Team

Geek』という書籍で紹介されたものです。自分1人ではなく、周囲のメンバーとチームワークを発揮していくためには不可欠な原則ですね。

● チームを支えるサーバントリーダーシップ

皆さんは「リーダー」と聞いてどのような役割を思い浮かべるでしょうか。メンバーたちをグイグイと引っ張っていく親分肌のリーダー、目標達成のために叱咤激励しながらメンバーを動かしていくリーダーなど、リーダーシップにはさまざまなスタイルがありますが、自己組織化チームとマッチするスタイルは「サーバントリーダーシップ」です（図表22-2）。

サーバント（奉仕する）という言葉が示すとおり、このリーダーシップスタイルは支援型です。メンバーたちがビジョンへ向かうことを支援し、成長を促す。メンバーの声に耳を傾け（傾聴）、課題解決をサポートする。時にはその豊富な経験からアドバイスをしメンバーを導きますが、あくまでビジョンに向かう主体はチームです。

自己組織化チームにおいて情報共有は重要な要素ですが、うまくいっていないことや悪い予感などネガティブな意見はなかなか共有しづらいものです。こういった情報を対話で引き出し、またネガティブな情報についても共有してよいのだという安心感を醸成していくのはサーバントリーダーの大切なミッションです。

▶ 従来型リーダーシップとサーバントリーダーシップ 図表22-2

従来型リーダーシップ

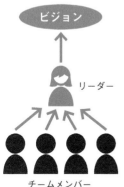

サーバントリーダーシップ

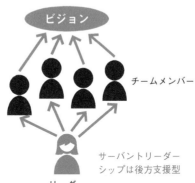

サーバントリーダーシップは後方支援型

👍 ワンポイント　理想的な自己組織化チームとは？

チームが自己組織化するために、サーバントリーダーシップは強力なパートナーとなってくれます。そして自己組織化しそれぞれのメンバーがリーダーシップを発揮できるようになると、外からチームを見た際にはもはや誰がリーダーと呼ばれる役割なのかわからなくなるでしょう。このようにリーダーシップが民主化し機能的に動いているチームは理想的な自己組織化チームであるといえます。

[成長戦略]

23 アジャイルチームの成長戦略

**このレッスンの
ポイント**

チームが育つためには<u>メンバー個人の成長が必要不可欠</u>です。戦略自体に所属メンバーの成長を織り込み、チームに求められるスキルをそれぞれのメンバーが身につけていくことでチーム全体として成長していきます。

⭕ 足りないスキルを自ら身につける

日本のほとんどの現場では、明確なジョブスクリプションによる採用やチーム編成がなされているわけではありません。そのためチーム発足時には何かしらのスキルが欠損していることがあるでしょう。また、ある程度成熟したチームであっても、求められることが変化し必要なスキルが不足するという事態は発生します。自己組織化チームの特徴として「必要となるスキルを自ら身につけることができる」がありました。必要なスキルが不足しているときは開発を進めるなかで成長戦略を織り込み、後天的にスキルを身につけていくことになります。では、具体的にはどのように成長戦略を立て、育成と成長を行っていけばよいのでしょうか。図表23-1 にアジャイルチームの成長戦略の例を示しています。ここに書かれているように、<u>スプリントで発見したチームの課題から解決策を考え、次のスプリントで実施</u>します。次のスプリント時点では実施した結果チームの状況が改善したか、チームが成長したかを確認しさらに次のアクションへとつなげていきます。

👍 **ワンポイント　ジョブディスクリプションとは？**

日本語では「職務記述書」と表現されるジョブディスクリプション。具体的な職務内容、責任範囲や期待される成果などが詳細に書かれた書類です。期待値が明確にされているため、能力のミスマッチなどが発生しづらいというメリットがあります。

● 代謝するチームを作ろう

自己組織化し機能期に入ったチーム。しかしチームメンバーは不変ではありません。メンバーがほかのチームに異動したり、逆に新しくチームに参加するメンバーもいるでしょう。新しいメンバーを迎え入れることで、再びチームは混乱期と向き合うことになります。また、新しいメンバーが、必要なスキルセットを有していないこともあります。

特に新卒採用が一般的な日本では、1年に1回チームに新人が配属されるということも珍しくありません。意見の衝突による混乱期の前に、足りないスキルを埋めるためのサポートが必要な時期が発生します。その時期は、人数は増えたのに一時的に生産性は落ちることになります。この状態を乗り切るためには、周りに支えられている新人の成長が必要です。成長の方法としては当然、自学自習が挙げられますが、アジャイルなチームのなかで実際に開発を行いながら育てることも成長戦略の1つです。前の項目で紹介した成長戦略を新人に適用し、新しいメンバーが成長することをチームで後押ししていきます。

新人の成長を経てチームは再び機能期に入り、新人が加入する前以上に強いチームへと育ちます。<u>新人の成長が、チーム自身の成長を後押しするのです</u>（図表23-2）。

▶ アジャイルチームの成長戦略（例）図表23-1

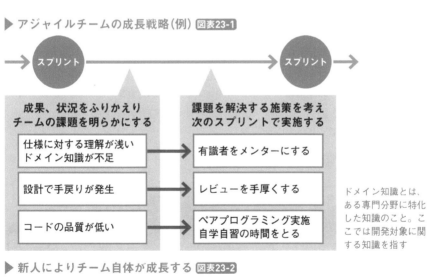

ドメイン知識とは、ある専門分野に特化した知識のこと。ここでは開発対象に関する知識を指す

▶ 新人によりチーム自体が成長する 図表23-2

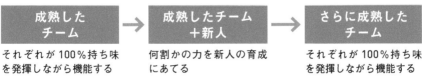

一時的に生産性は低下するが、計画的にチーム全体で成長することでより成熟したチームになる

筋肉質なソフトウェア

**このレッスンの
ポイント**

ここから2つのレッスンでは<u>プロセスの変化</u>について学びます。高速に価値を生み出していくためには作るものを取捨選択すること、そしてできるだけシンプルな構造に保つことが必要です。

◯ YAGNIの原則に従う

YAGNI（You Ain't Gonna Need It）とは、「機能は実際に必要となるまでは追加しないのがよい」という原則です（図表24-1）。ソフトウェアを開発する際には、コンセプトのもとに必要と思われる機能を洗い出します。コンセプトの中核をなす必要不可欠な機能もあれば、あったほうがよさそうな機能、将来的に必要となりそうな機能などもリストアップされます。機能の数が増えれば増えるほど開発にかか

る時間は長くなります。また、ソフトウェアをリリースしたあとの保守運用も必要になります。

YAGNIの原則に従うならば、必要だと判断した機能のみ開発していきます。そのため実際には使用されない機能を作ってしまったり、その機能を保守運用するコストを払ったりといったムダを防ぐことができます。

▶ **YAGNIの原則** 図表24-1

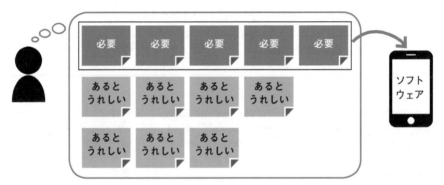

「必要だ」というものだけを作る。「あるとうれしい」ものは作らない

● KISSの原則

KISSの原則は "Keep it simple, Stupid!"、つまりシンプルな設計が成功への鍵であるという原則です（**図表24-2**）。テレビやオーディオに付属しているリモコンは得てして複雑になりがちです。それに対してアップルのApple TV、アマゾンのFire TV Stickといった製品のリモコンは極力シンプルな形となっています。利用者側としてはシンプルな構造であるほうが利用しやすいですね。そして、これは開発する側にも同じことがいえます。機能が複雑であればあるほど、正しく動作するかどうかの確認、つまり検証にコストがかかります。また、不具合も混入しやすくなります。

● 必要なものをシンプルに作る

前のレッスン23でお伝えしたとおり、アジャイル開発はタイムボックスで区切られた短期間で作るものを決め、開発し、評価します。短いサイクルで作ったものが評価されるため、ムダなものを作っている場合に早く気づけます。また、小さい単位で開発を進めていくためシンプルな構造にしようという意識が働きやすいこともメリットです。もちろんアジャイル開発のプラクティスを採用すれば自動的にこういった課題が解決するわけではありません。構造やプラクティスはあくまでプロセスをサポートする役割です。最終的にレッスン12で触れたような贅肉のない筋肉質なソフトウェアを実現するのは、開発するチーム自身の努力にほかなりません。

▶ **KISSの原則** 図表24-2

必要最低限の要素に絞ることで使いやすくなる

質とスピードは両立する

このレッスンの
ポイント

アジャイル開発がもたらす、高速な開発スピード。高速に
作り試すサイクルが回ることで質は安定します。逆に、安
心してリリースできるような環境を整え<u>変化に強い設計</u>を
実現することでスピードが生まれます。

○ スピードが質を高める

同等の生産性を持つ2つのチームがある
とします。片方は4週間に一度リリースを
行い、もう片方は1週間に一度リリースを
行います。生産性は同等なので、ソフト
ウェアに加えられた変更の量を4週間後
に確認すると同じ量だけの変更が入って
いる計算になります。

しかし、4週間に一度のリリースである場
合は変更点が大きいため、テスト対象が
広くなります。そしてテストで不具合が
発覚したり、いざリリースしてから不具
合が発覚したりした場合、4週間分の開
発したものがすべて切り戻されることに

なります。

一方で1週間に一度のリリースである場
合は変更点は小さく抑えられます。テス
ト対象が絞られているためテスト漏れの
発生リスクが低くなり、リリースに関連
した不具合が発生しづらくなります。<u>ス
ピードを出したことで、結果として質も
安定することになります。</u>

実際に私の現場でも、3週間に一度のリ
リースを行っていたチームが試しに1週
間ごとのリリースに切り替えたところ、
品質が安定したということがありました。

▶ リリース間隔の差による影響の違い 図表25-1

リリース頻度	4週に1度	1週に1度
前回からの差分	大きい	小さい
テスト対象	広い	狭い
影響範囲	大きい	小さい
手戻り発生リスク	大きい	小さい

● 質がスピードを高める

スピードが質を高めるように、質もまたスピードを高めます。高品質で不具合の少ないソフトウェアはリリース時の手戻りが少なく、結果として高速なリリースが可能となります。では高品質なソフトウェアはどのように実現されるのでしょうか。それには、シンプルな設計を保つこと、テストが行われていること、そして自分以外のエンジニアにとっても読みやすいコードになっていること（「可読性」と呼ばれています）の3つが必要です。

こういったソースコードを書くにはある程度の技量が求められます。エンジニアが書いたコードが水準に達していない場合はチーム内で指摘し修正していくこと（これを「レビュー」と呼びます）が望ましいです。アジャイルなチームでは、コードは個人の所有物ではなくチームのものです。プロセスにレビューとテストが組み込まれているため、そのチームにとっての可読性が保たれ高品質なコードができあがっていきます。

● すべてはあなたのチーム次第

スピードが質を高め、質がスピードを高める。理想的な状況だと思いませんか？ 図表25-2 にあるようにチームがアジャイル開発の原則を体現して機能しているとき、このような効果が生まれます。

気をつけなければいけないのは、アジャイル開発をやっていれば自然とこのような状態になるわけではないということです。スプリントを短く切ってもその期間

内にソフトウェアを完成させる力がなければソフトウェアはできあがらないし、「動くソフトウェアに価値を置く」というところに引っぱられてテストや設計がないがしろになっていては将来の自分たちの首を絞めることになります。質とスピードを両立させるにはチームの強い意思と確かなスキルが求められます。

▶ アジャイル開発の原則とソフトウェアの質、開発スピードの関係 図表25-2

> **短い時間間隔でのリリース**
> ・リリース間隔が短いため影響範囲が小さく抑えられる
> ・テスト漏れの発生リスクが低くなる
> ・スピードを出したことで結果として質も安定する
> **技術的卓越性と優れた設計**
> ・不具合が少ないため手戻りが発生しにくい
> ・高品質な設計で改修コストが低くなる
> ・質がよいことで結果として開発スピードが出る

質とスピード、二兎を追い求めることがチームの成長にもつながっていきます。

経験から学ぼう

アジャイル開発は、最初に立てた計画を最後まで遵守するものではなく、やってみた経験から学びを得て行動を変化させていくものだということを学んできました。この「経験から学ぶ」プロセスは組織行動学者のデヴィッド・コルブにより「経験学習モデル」として理論化されています。

レッスン18で学んだように、動くソフトウェアがあることで仮説の答え合わせができます。このときに単純に「期待と違ったから期待どおりに直そう」と手を動かし始めるのではなく、経験学習モデルを意識しながら行動することでソフトウェアに学びが反映されていきます。

たとえば、開発した機能に対して「画面遷移が多く使い勝手が悪い」というフィードバックがあったとします。ここでその画面遷移を減らすことだけを実施するのではなく、「なぜ画面遷移を減らすことが望ましいのか」を省察します。そこから「機能にたどり着くまでの画面遷移は少なくするべき」と概念化し、実践していきます（図表25-3）。

▶ 経験学習の実践例 図表25-3

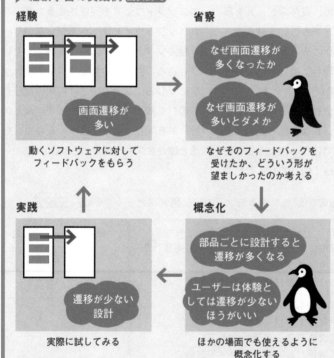

経験

画面遷移が多い

動くソフトウェアに対してフィードバックをもらう

省察

なぜ画面遷移が多くなったか

なぜ画面遷移が多いとダメか

なぜそのフィードバックを受けたか、どういう形が望ましかったのか考える

概念化

部品ごとに設計すると遷移が多くなる

ユーザーは体験としては遷移が少ないほうがいい

ほかの場面でも使えるように概念化する

実践

遷移が少ない設計

実際に試してみる

フィードバックから課題の根本へ概念化することで学びが得られる

Chapter

4

アジャイル開発の
中核にあるコンセプト

ここからは、どうやってアジャイル開発
を始めるのか、特にアジャイル開発を貫
くコンセプトについて見ていきます。ア
ジャイル開発の中核にあるコンセプトは
「チーム」「インクリメンタル」(漸進的)、
「イテレーティブ」(反復的)の3つです。

26 アジャイル開発の 3つのコアコンセプト

[コアコンセプト]

このレッスンの
ポイント

アジャイル開発は、「チーム」「インクリメンタル」「イテレーティブ」という3つのコンセプトをどのように捉えているのか、その要点を押さえることから始めましょう。アジャイル開発のコアとなるコンセプトです。

○ 少しずつ繰り返し的に進める

「想定だけで一度に多くのことを実現しようとしても、的を射たものにならない。だから、少しずつ繰り返し的に作り進めていく」。第3章で学んだアジャイル開発のコンセプトを一言で述べるなら、そのような表現となります。

ソフトウェアを少しずつ、開発行為を繰り返しながら作り進めていく利点とは一体何でしょうか。それは「経験に基づき次の開発ができる」という点です。思いのほか作るのが難しいだとか、作るには環境の準備が整っていないとか、共同作業にあたってのルールが足りないとか、これらはすべて「学び」です。こうした学びをすぐに次の開発行為に活かせるようにする。ソフトウェアが少しずつできてくるのに合わせて、開発や仕事の進め方自体も少しずつ上達していくことになります。これがアジャイル開発の中核にあるコンセプトです。

この「少しずつ繰り返し的に進める」を分解すると、少しずつ作る＝インクリメンタル、反復的に作る＝イテレーティブ、という2つの言葉に分けられます。

👍 ワンポイント　建設建築からつながるアジャイル開発

建築家クリストファー・アレグザンダーが考案した「パタン・ランゲージ」(街や住まいに共通する普遍的なパターンを見出し、そのパターンによって建築やコミュニティを形成していく考え方)は、ソフトウェア開発にも影響を与えました。具体的にはウォード・カンニガムやケント・ベックといった人物によるXP（エクストリームプログラミング）の提唱へとつながっていきます（XPとはアジャイル開発の1つの流儀で、コミュニケーション、シンプル、フィードバック、勇気、尊重という5つの価値に基づいて構成されています）。

● 自己組織化されており、職能横断的なチーム

インクリメンタルとイテレーティブ、この2つのほかにもう1つコンセプトがあります。それは少しずつ繰り返し的に進める活動の主体、「チーム」です。チームは、アジャイル開発のなかで基礎であり、かつ重要な概念です。いかにインクリメンタル（少しずつ）かつイテレーティブ（反復的に）に作り進めるアイデアやプロセスがあったとしても、その活動主体たるチームが機能していなければ、結果は生まれません。

アジャイル開発における機能するチームとは、「自己組織化」されており「職能横断的」なチームのことです。これらはすでに第3章で解説がありましたね。自己組織化とは、自分たち自身で物事を決めて、自律的に動けるチームのことです。

また、職能横断的とは、複数の専門性を保有し、ソフトウェアを完成させられる能力を有したチームです。

こう聞くと、かなりレベルが高いチームだと感じるかもしれません。そのとおりです。インクリメンタルかつイテレーティブに作り進めるアジャイル開発に求められるレベルは低くありません。しかし、プロダクトがインクリメンタルに作られるように、チームもまたインクリメンタルに成長するものなのです。プロダクトとともにチームもまた少しずつ作り進めていくものなのだということを覚えておきましょう。

では、チームを最初に形作るために必要なことから、この章を始めることにしましょう。

▶ プロダクトもチームもインクリメンタルに作られる　**図表26-1**

チーム	開発行為（プロセス）	プロダクト

自己組織化されており、職能横断的。チームもインクリメンタル（漸進的）に成長していく	イテレーティブ（反復的）に進められる	インクリメンタル（漸進的）に形作られる

「インクリメンタルかつイテレーティブ」という表現は関係者に理解してもらうのが難しいかもしれません。そんな時は「少しずつ繰り返し的に作る」と説明したほうがわかりやすいでしょう。

27 チームのフォーメーションを定める

このレッスンのポイント

チームを形作るために最初に必要なのは「フォーメーションを定める」「チームの共通理解を育む」「チームの活動する場を整える」の3つです。このレッスンでは、まず<u>フォーメーション（役割の定義）</u>について解説します。

○ アジャイルチームに必要な役割とは何か

アジャイルなチームに必要な役割はどのようなものか学んで行きます。ここではアジャイル開発の1つの流派である「スクラム」からチームに必要な役割のヒントを得ることにしましょう。

スクラムでは 図表27-1 のように役割が決められています。スクラムでは開発チームメンバーにその人固有の専門性があったとしても、肩書を設けたりしないとし

ていますが、現実には、特にアジャイル開発への取り組みを始めたばかりの段階では、専門性に基づく役割の定義が必要になることが多いでしょう。役割は、その立ち位置が担う責任や期待される振る舞いとセットで捉えられるため、役割定義を曖昧にして不具合が生じるくらいであれば、わかりやすく決めておいたほうがよいです。

▶ **スクラムでのチームの役割** 図表27-1

開発チーム
- プロダクトを作るために必要な専門家で構成されている
- 自分たち自身を管理するための体制と権限が備わっている
- 開発メンバー固有の専門性があったとしても開発の責任はチームで担う

プロダクトオーナー
- プロダクトの価値最大化に責任を持つ
- 必要な機能（プロダクトバックログ）を明確にし、優先順位を定めることで開発チームが次に何をやるべきか理解できるようにする
- 1人の人間であり、複数人で構成はしない。その結果、意思決定プロセスをわかりやすくする

スクラムマスター
- プロセスの番人。スクラムの促進と支援に責任を持つ
- チームが機能するために、障害を取り除く
- 必要に応じてスクラムイベントをファシリテートし、開発チームをコーチングする

● フォーメーションをチーム自身で決める

どのような役割定義が必要になるかは、作るプロダクトの難易度や重要性、プロジェクトの制約、そしてチームの経験の深さによって変わります。たとえば、いわゆるミッションクリティカルなシステム（たとえば24時間365日、停止や誤動作が許されないような業務やサービスを担うもの）であれば、求められる機能性、非機能性（性能やセキュリティ）の品質の基準が高くなります。経験に裏打ちされた実践知の豊富なアーキテクトが必要になるでしょう。また、スクラムマスターの経験が浅く、それでいてプロジェクトとしてリリースするタイミングが厳格に定められている場合などは、プロジェクトマネジメントにある程度の手堅さが必要であり、プロジェクトマネージャーの設置が現実的に必要でしょう。

プロジェクトやプロダクトに求められる特性と、その対応に必要な能力（専門性）を洗い出し、チームメンバーが担えるかマッピングしましょう。この可視化をチーム全員で行うのがポイントです。フォーメーション決定のプロセスを共有することで、チームが担わなければならない責任の全容と個々人が担う専門性のそれぞれを自分ごととして捉えられるからです。

▶ スキル・メンバーマッピング 図表27-2

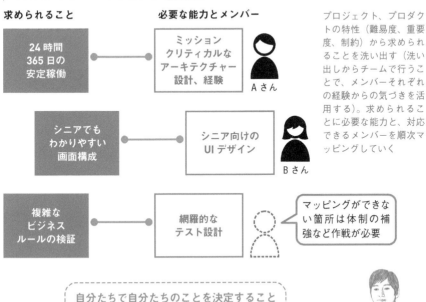

求められること

24 時間
365 日の
安定稼働

必要な能力とメンバー

ミッション
クリティカルな
アーキテクチャー
設計、経験

Aさん

シニアでも
わかりやすい
画面構成

シニア向けの
UI デザイン

Bさん

複雑な
ビジネス
ルールの検証

網羅的な
テスト設計

マッピングができない箇所は体制の補強など作戦が必要

プロジェクト、プロダクトの特性（難易度、重要度、制約）から求められることを洗い出す（洗い出しからチームで行うことで、メンバーそれぞれの経験からの気づきを活用する）。求められることに必要な能力と、対応できるメンバーを順次マッピングしていく

自分たちで自分たちのことを決定することで、自分ごと化が進みます。自分ごと化は、チームの自己組織化へとつながります。

[チーム②]

チームの共通理解を育む

**このレッスンの
ポイント**

チームメンバーお互いの役割が定まったら、次は自分たち
が果たすべきミッションや守るべき約束事についての理解
を深める必要があります。こうした理解があればこそ、チ
ームは指示がなくとも自律的に動けるようになります。

○ 共通理解を育むための3つの方法

プロジェクト、プロダクト作りを始める
にあたって、その目的や目標、前提や制
約を把握しておくこと、またチーム自体
への理解（メンバーの考え方や得意技）
を深めておくことは、チームが状況に応

じた適切な判断を自分たちで行えるよう
にするための一歩といえます。こうした
チーム共通の理解を深めていく3つの方
法があります（図表28-1）。それぞれにつ
いて内容を押さえておきましょう。

▶ **共通理解を育む3つの方法** 図表28-1

レベル	理解すべきこと	方法
プロジェクト、プロダクトレベル	目的や目標、前提や制約、優先基準	インセプションデッキ
チームメンバーレベル	考え方や得意技	ドラッカー風エクササイズ
チーム活動レベル	協働のためのルール、約束事	ワーキングアグリーメント

インセプションデッキは、10個の
問い（アジェンダ）で構成されてい
ます。チーム関係者全員が一同に会
して、答えていきます。

● チームへの期待を明らかにする「インセプションデッキ」

そもそもプロジェクトやプロダクト作りは何らかの目的があって始められるものです。その目的達成を担うチームに対しては、チームの外側、関係者から寄せられる「期待」があるはずです。厄介なのはこうした期待が明確に言語化されていなかったり、物事が進むにつれてだんだんと形成されたりすることです。暗黙的な期待を明らかにして適切に調整を行う行為を「期待マネジメント」と呼びます。

期待マネジメントを行うためのワークショップが「インセプションデッキ」です（図表28-2）。

重要なのは、10個の問いを整理したドキュメントの作成ではありません。これらの問いにチームや関係者全員で向き合い、理解を揃えていく過程が重要なのです。いくら整理されたドキュメントがあったとしても、理解がズレていては意味がありません。

▶ **インセプションデッキとは？** 図表28-2

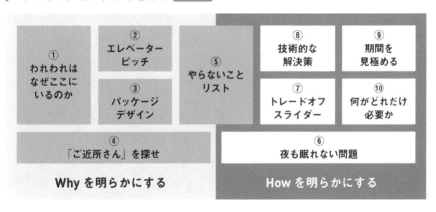

① われわれはなぜここにいるのか
プロジェクトやプロダクトで達成したい目的、目標を挙げる

② エレベーターピッチ
プロダクトの特徴を端的に言語化する（解決する問題／対象顧客／重要な利点／代替手段／差別化要因など）

③ パッケージデザイン
顧客へ伝えたいメッセージとビジュアルイメージ

④ ご近所さんを探せ
プロジェクト関係者の図示化

⑤ やらないことリスト
やらないと明確に決めている一覧

⑥ 夜も眠れない問題
プロジェクトのリスクを挙げる

⑦ トレードオフスライダー
品質／予算／リリース日／品質など、どの基準を優先するか

⑧ 技術的な解決策
利用する技術やアーキテクチャの図示化

⑨ 期間を見極める
プロジェクトに必要な期間の見立て

⑩ 何がどれだけ必要か
費用、期間、チームなど必要なリソースの定量化

● チーム内部の期待を明らかにする「ドラッカー風エクササイズ」

「はじめまして」なメンバーがいればなおさら大事になるのが、お互いの理解です。インセプションデッキが外部からチームへの期待の可視化とすれば、「ドラッカー風エクササイズ」はチーム内部のお互いの期待の可視化です（図表28-3）。

4つの問いにチームメンバーそれぞれが答えることで「自分がどういう人間なのか」を表明することになります。ここで重要なのは、自己表明に対する周囲のフィードバックを得ることです。案外、自分のことは自分で理解できていないものです。お互いに対する期待のズレをこのワークを通じて解消しましょう。こうした期待のすりあわせは一度確認すれば二度と実施しなくてよいというわけではありません。新しいメンバーが加入したタイミングやプロジェクトのミッションがアップデートされた場合などに改めて確認するようにしましょう。

▶ ドラッカー風エクササイズとは？ 図表28-3

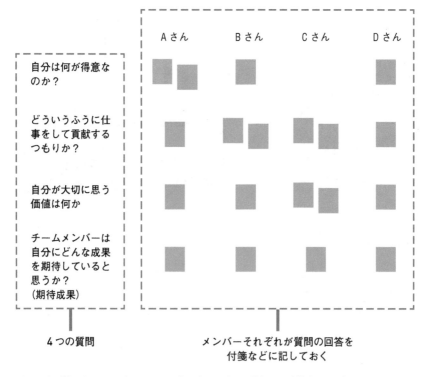

4つの質問

メンバーそれぞれが質問の回答を付箋などに記しておく

ドラッカー風エクササイズは、チームビルディングの一環として実施するのがおすすめ。4つの質問にそれぞれが答えたあとに、全員で眺めて認識違いや感想をフィードバックする。特に4つ目の「期待成果」に対する自己認識を正し、チームで合わせるのが狙い

● チーム活動を円滑にする「ワーキングアグリーメント」

さて、チーム内外の期待が明らかになったので、さっそく開発を始めましょう……と、その前にもう1つ合わせておきたい観点があります。それは、チームで仕事、開発をする際に前提としたい約束事の共通理解（ワーキングアグリーメント）です。共同作業に際して守るべきルールがなければ、いちいちつまずき、立ち止まり、場合によって手戻りとなるでしょう。図表28-4のように事前に決めておけるものは決め、何か問題が起きたときにはそのつどルールの追加、変更を検討しましょう。

▶ ワーキングアグリーメントとは？ 図表28-4

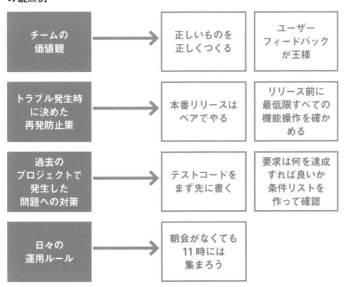

ワーキングアグリーメント
の観点例

チームで決めた約束事（例）

ワーキングアグリーメントで決める内容は、ポリシーのような価値観や具体的な行動指針、または日々実施するタスクレベルのルールなどどのようなものでもよい。チームの関心事、対立やトラブルが発生していることを中心に、意識合わせしておくことが重要。多すぎても運用できないため、全体で7つ程度を目処とする（適宜入れ替え、内容を改める）

👍 ワンポイント　いきなりのトライは事故のもと。まずは練習してから

各プラクティスを実施するにあたっては、このレッスンに加えて書籍（『アジャイルサムライ』や『カイゼン・ジャーニー』）に目を通したり、関係者を一気に巻き込む前にチーム有志で実験するなど準備に時間を当てましょう。

29 ［チーム③］

チームの活動する場を用意する

**このレッスンの
ポイント**

チームの役割が定まり、お互いの理解が深まったところで、最後の詰めは**場作り**です。活動するための場が確保されていて、場に対する考え方が揃っていなければアジャイル開発は始まりません。

○ 場とは何か

場とは、時間的、物理的な空間だけを指すわけではありません。オンライン上のチャットや映像通話といった仮想的な空間も場といえます。では、こうした空間だけがあればよいのかというとまた違います。「場所は用意したのだからよい感じでコミュニケーションが始まり、進むのだろう」というのはかなり甘い考えです。

そこには、相互作用（互いへの関心、関わり合い）がなければなりません。これは互いの関係性から発することになります。

チームの関係性、相互作用を引き出すために 図表29-1 で例示したような場のデザインが必要です。目的に合わせて場作りを行います。

▶ 場のデザイン 図表29-1

場の目的	場作りの要点	仮想・物理の選択指針
連絡共有	確実に情報が伝わること、理解できることが重要。双方向のやりとりが行えることが必要。伝えあったことの記録ができるツールを選択すること	仮想
意思決定	議論が必要なので連絡共有以上に非言語化情報を必要とする場合がある。情報の補足のためにホワイトボードなどがあり対話を深掘りできる場を選ぶこと	仮想 or 物理
創造	ゼロからアウトプットを生み出すため、お互いの知性と感性を引き出し、スピーディーな対話が求められる。ワークショップや全員で1つの仕事に取り組む	物理
雑談	目的がなく、ただ時間と空間をともにすることで思いがけないアイデアや気づきを得る。仮想でも物理でも可能。リラックスできる場を選択する	仮想 or 物理

仮想空間の場合、時間と物理的なスペースを選ばないため、コミュニケーションコストが低く、活用の度合いが高まっている。ただし、情報の丁寧な読み取りが必要な場合は物理的な場がよい。言語化された情報だけでは、身振り手振り、表情、声のトーンなどの非言語化情報もより多く取り込めるため

● 自分たちの場は自分たちで作ろう

物理的な場作りで大事な観点が1つあります。それは「見える化」です。情報を探そうとしなくても、自然と視界に入ってくるような場のデザインが理想です。プロジェクトのイマココの状況やチームが抱えている問題、緊急事案がホワイトボードや壁に張り出されていたり（たとえばタスクボードの活用。レッスン37参照）、チームの関心事も表現できている（たとえばふりかえりの結果の張り出し。レッスン41参照）となおよいでしょう。

このように、場作りには「必ずこうすべし」という正解がありません。自分たちが最も能力を発揮できるように、自分たちに合ったスペース作りを行いましょう。自分たちの場を作るのは、自分たち自身にほかなりません。

▶「自分たちの場」に備えておきたいもの 図表29-2

場所として	・全員が同席できる十分な空間 ・ワークショップのアウトプットや各種ボードを張り出せる広さの壁 ・朝会などで半円形に集まれるスペース
物として	・いつでもタスクの洗い出しができるように十分に補充されている付箋紙やペン ・気軽に図や絵を書けるホワイトボード数枚 ・PCをつなげて皆の視線を集められる大型ディスプレイ ・飲み物や対話のお供のお菓子（備蓄しておく）
心理的な安全性として	・いつでも発言して、声を掛け合えるような雰囲気 ・"お客さん"ではなく"チームの一員"感

こうした雰囲気作りのきっかけに、共通理解を育むワークショップを活用するのがおすすめ。そして、朝会やふりかえりを行い、雰囲気作りを継続していくことが重要

👍 ワンポイント　セミサークルを描けるチームをめざそう

タスクボードやホワイトボードの前に集まった際、キレイなセミサークル（半円）ができることはよいチームの証です。誰かのうしろにいて情報が見えていない、見えてなくても「まあいいや」で済ませないように、半円を描くように促しましょう。

Lesson [インクリメンタル①]

30 少しずつ形作る

**このレッスンの
ポイント**

ここからはプロダクト側のコンセプトに踏み込んでいきましょう。3つのコンセプトの2つ目は「少しずつ形作る」（インクリメンタル）でした。まずは、「少しずつ形作る」とはどういうことなのかについて学んでいきましょう。

○ 少しずつ作ることの意義

インクリメンタルな開発でも機能を積み重ねるために当然設計を行い、作ったあとにテストをします。少しずつ作ることでフィードバックをすぐに得て、調整したり、修正できます。作り出されていく機能同士は常に結合され、いつでもリリース可能な状態を保つのが理想です。こうした点も、リリースが何か月も先になってしまうウォーターフォールに対する

利点といえます。

ただし、インクリメンタルな開発にも課題が2つあります。1つは「品質を維持することの難しさ」と、もう1つは「プロダクトの全体性への理解欠如（何を作っているのか見失う問題）」です。このレッスンでは前者について扱い、後者は次のレッスン31で解説します。

▶ 一気呵成に作る開発とインクリメンタルな開発 図表30-1

一気呵成に作る開発

ユーザーにとって
意味がない状態　　ユーザーにとって
意味がない状態　　ユーザーにとって
意味がない状態　　ようやく
利用可能な状態

インクリメンタル（少しずつ形作る）開発

利用はできる　　利用はできる　　利用はできる　　利用はできる

出所：「MakingsenseofMVP（MinimumViableProduct）–andwhyIpreferEarliestTestable/Usable/Lovable」をもとに改変
https://blog.crisp.se/2016/01/25/henrikkniberg/making-sense-of-mvp

インクリメンタルな開発では、最初の段階から意味がある単位で作り進めていく

● 「作ったら変更しない」ではなく「変更できるように作る」

少しずつ機能を積み重ねていくため、頻繁に機能の結合が行われ、そのつどプロダクトとしての動きの整合性が求められることになります。この機能の結合は最も不具合が起きやすい箇所の1つで、結合のたびに常に問題がないか確認し、問題があれば修正するというサイクルを維持するのは、チームにとって負荷の高い行為です。

そこで、2つの観点で品質の維持をはかります。1つは設計です。品質の低下をもたらすのは、プログラム間の依存性が高い状況での機能追加です。1つの変更が想定外のところにまで影響を及ぼしてしまう状態を招いてしまいます。そのため、1つの機能が可能な限り独立して存在できるような設計が求められます（本書では扱いませんが「オブジェクト指向設計」

「ドメイン駆動設計」が著名です）。

もう1つの観点は、テストです。結合のたびに人力でテストとその確認を行うのではなく、その行為自体を自動化する作戦です。これを行うには、プロダクトのプログラムとは別にテストを実行するためのプログラムを作り、自動的に実行できる環境を構築する必要があります。要するコストは決して小さなものではありませんが、頻繁に結合する開発スタイルでは、ほぼ必須といえる取り組みです。

この2つの工夫、「変更しやすいように作る」「安心して変更できる環境を作る」によって、「一度作ったらできるだけコードを触らないようにする」のではなく、「必要な変更を早く行える」開発を実現するのです。

▶ 変更できるように作る 図表30-2

アジャイル開発にはプロセス方法論だけではなく、それを実現するための確かなエンジニアリングも必要とされます。モノを作る能力はプロダクト作りの根本にあたるものです。

［インクリメンタル②］

構想とプロダクトを合わせる

**このレッスンの
ポイント**

インクリメンタルな開発によって起こるもう1つの問題に
ついてどのように対応するのか解説します。小さな機能を
少しずつ作り進めていくことに集中することで、プロダク
トの全体像が捉えづらくなってしまう状態です。

◯ なぜ、プロダクトの全体像を見失ってしまうのか

アジャイル開発ではプロダクトを少しず
つ繰り返し的に作り進めていくため、「作
るべきもの」を一覧（これをスクラムで
はプロダクトバックログと呼びます）で
管理します。一覧はその並びを開発の優
先順とするため、図表31-1 の利点が得ら
れます。

この一覧での管理を可能とするためには、
一覧の項目1つ1つが明確で、かつほかの
項目に依存しないことが望ましいといえ
ます。なぜなら、項目同士の依存度が高
いと、順番が入れ替えにくくなるからで
す（1つの項目だけ優先度を高めたいのに、

完成させるためにほかにいくつもの項目
の優先度を同時に上げないといけない）。
ゆえに、各項目の内容を十分に小さくす
る——たとえば1日以内で開発が終わる
ような規模感にすることで、それぞれの
独立性を高めます。その結果、項目の内
容はわかりやすくなる一方、どういう状
況のもとで、必要な機能なのかが捉えづ
らくなります。しかも、一覧は優先順で
随時並べかえられるため、一覧を眺める
だけではどのようなプロダクトなのかわ
かりづらくなっています。これが、何を
作っているのか見失ってしまう問題です。

▶ **プロダクトバックログで管理する利点** 図表31-1

- 何から作ればよいかが自明（一覧の先頭から作り始めればよい）
- 次に何を作ればよいか迷わない（並び順で順次作り進めればよい）
- 作る順番を入れ替えやすい（早く形にしたいものほど一覧の先頭
  に持ってくればよい）

● ユーザー視点で全体像を把握する

プロダクトの全体像を理解するために、昔からシステム構成図（システムの主要な機能を可視化し、機能間の関連を図示したもの）を作るのが定石でした。今日でも開発に必要な情報ではありますが、これだけではユーザーがどのような状況でプロダクトを利用するのかが見えてきません。

つまり、プロダクトの全体像をシステム視点ではなくユーザー視点で捉えるアプローチが必要なのです。このために、ユーザーストーリーマッピングや図表31-2のようなユーザー行動フローといった手法を用います。これらは、ユーザーの行動を時系列に書き出し並べて、その行動のなかで発生する課題を捉え、さらにそれらの課題を解決するために必要な機能を洗い出すという活動になります。活動の過程及びアウトプットから、どのような利用状況でどんな機能が必要となるか、概要を把握することができます。

こうした全体像の理解とともに、「作るべきもの」1つ1つの項目を詳細化するという、全体と詳細の両面を捉えるスタイルが、インクリメンタルな開発には必要となるのです。

▶ **ユーザー行動フローの例** 図表31-2

ユーザー行動フローはプロダクトバックログをゼロから作り出す際に必要となる活動。プロダクトバックログを取り出したあとも、ユーザー行動フローは残しておき、プロダクトバックログの順番を並べ替える際にこのフローに立ち戻ることで「何を作ればユーザー体験が向上するのか」「どの機能によって価値がユーザーにもたらされるか」を仮説立てるようにする

[イテレーティブ①]

反復的に作る

**このレッスンの
ポイント**

アジャイル開発の中核にある3つのコンセプト、最後は「反復的に作る」です。「少しずつ形作る」ためのチームの基本動作が「反復的に作る」です。ここから3つのレッスンでコンセプト理解を仕上げていきましょう。

○ 反復的に作るとは?

「反復的に作る」(イテレーティブ)とは、チームとプロダクトの間でのコミュニケーションのあり方といえます。工場における製造のように流れ作業的に作っていくのではなく、少しずつ形作るために「一定の期間」を定め、この期間の単位で繰り返し作っていく。チームとプロダクトが対話するように作る、これがイテレーティブのイメージです。ウォーターフォールに比べると複雑ですが、このような作り方をする理由は、行動の結果から「学び(わかったこと)」を得て、その次の開発期間で適応するのがアジャイル開発の狙いだからです。

このように時間を一定の間隔で区切り運用する考え方を「タイムボックス」と呼び、スクラムでは「スプリント」、スクラム以外では「イテレーション」と呼びます。一定の間隔とは具体的にはどのくらいの長さなのか 図表32-1 で確認しましょう。

▶ 反復(イテレーション、スプリント)の長さ 図表32-1

1週間を選択するケース	**フィードバックループを早めに適用する理由がある** (期間が短いため開発は慌ただしくなる) ・はじめて結成したチームなので早めに状況の同期、成果物の結合を行い、調整を行いたい ・何を作っているか定めない探索的な開発のため、プロダクトオーナーとの対話がこまめに必要
2週間を選択するケース	**アウトプット量の確保のために期間が必要** (期間が長いため開発は間延びする可能性がある) ・チームメンバーの稼働がフルタイムではなく、まとまったアウトプットができるまで期間が必要 ・プロダクトバックログの項目を小さく分割できず、サイズが大きい(開発に時間がかかる

「反復期間作っているもの、作り方を間違えている可能性がある期間」ゆえに、短いほどよい。1週間か2週間が基準となる

◯ 何を反復させるのか？

さて、この反復期間で何を行うのかを押さえておきましょう。目標は、反復後にアウトプットができていることです。最初の反復で要件定義をして、次の反復で設計し、さらにその次で実装する、ということではありません。最初の反復でアウトプットが出て、次の反復でもアウトプットが出るように開発するのです。

つまり、1回の反復のなかにアウトプットを作り上げるために必要なタスクがすべて詰まっていなければなりません。何を作るべきか、内容を詳細化する対話や、設計や実装、テスト、どれも欠かせないということです。フェーズで区切る開発と、反復をつなぎ続ける開発、この開発スタイルの違いこそ、パラダイムシフトといってもよい変化なのです。

残り2つのレッスンで、イテレーティブな開発を支える特徴的な計画作りと作成物レビューについて、詳細を学びましょう。

▶ 反復期間に行うこと 図表32-2

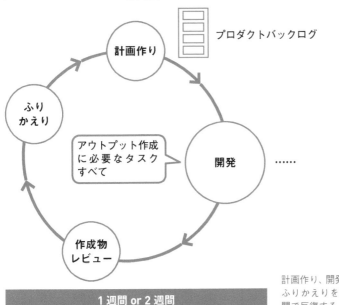

計画作り、開発、レビュー、ふりかえりを1週間か2週間で反復する

開発スタイルが大きく異なるため、習熟のための準備や期間が十分に必要です。

[イテレーティブ②]
33 反復的な計画作り

**このレッスンの
ポイント**

反復は計画作りから始めることになります。この計画作り
を適当にしてしまうと、反復の成果も期待通りのものには
なりません。このレッスンでは計画作りをどのように行う
のか解説します。

● 「計画」ではなく「計画作り」を重視する

重要なのは計画（スケジュール表）ではなく、計画作りです。計画作りのアウトプットとして、関係者に伝え理解してもらうために計画は必要ですが、質を問うべきは計画作りのほうです。なぜならアジャイル開発の狙いが「学びを得て適応する」、その結果として目的に適していて、ユーザーに価値があると判断してもらえるプロダクトを作っていくことだからです。つまり、開発の開始時点から変化への適応を想定しており、精緻な計画を用意したところで、次の反復において早速変更する可能性が高いのです。

だからといって計画作りが不要なわけではありません。チームで協働し、プロダクトオーナーや関係者の期待に応えていくためには、たとえ1週間と短い期間であっても、目の前の反復で何に取り組まなければならないのか、理解を共通にしておく必要があります。この行為を、スクラムでは「スプリントプランニング」といいます。「計画」という意味だけではないので、「スプリントプラン」という言葉ではないわけです。

▶ スプリントプランニングの構成 図表33-1

第1部 What の計画作り	第2部 How の計画作り
これから始めるスプリントで何を成し遂げるか？（スプリントのゴール）をチームで話し合い、そのゴールを達成するために必要となる機能をプロダクトバックログから選択する	選択したプロダクトバックログをどのようにして実現するか（そのために必要なタスク設計や調査、環境の用意なども含まれる）の洗い出しを行う

スプリントプランニングは、スプリントで何を作るべきか（What）と、それらをどのようにして実現するか（How）の大きく2部構成で行う

○「やりきり力」を高められるかが鍵

計画作りでは、「反復をやりきれるかどうか」そして「どのようにすれば反復のやりきり力を高められるのか」という問いに向き合うことが大切です。アジャイル開発は何を作るべきかがはっきりしていなかったり、どう実現すればよいか不透明だったりする状況を切り開くためのあり方なわけですが、反復の成果が上がらない状態をただ続けているだけでは、開発全体としてのミッションを実現できないでしょう。また、何となく反復をやりきれずに終わっていると、到達感がなく

チームとしてリズムに乗れません。

そこで次のように考えましょう。①プロダクト作りに伴う不確実性は、プロジェクト全体で受け止める、②プロダクト作りの確実性は、反復（スプリント）単位で高める。①だけでも②だけでもなく両方が必要なのです。具体的には、①はプロジェクトに余白（バッファ）を織り込むという方針が考えられます。②は、反復単位での曖昧性を可能な限り落とすべく、受け入れ条件の定義を行います。

▶ スプリントで期待されている成果を達成する確度を高める 図表33-2

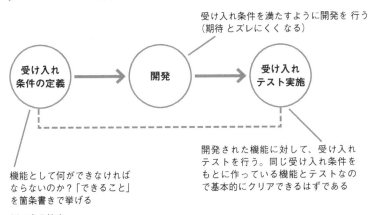

受け入れ条件を満たすように開発を 行う
（期待 とズレにくく なる）

受け入れ条件の定義 → **開発** → **受け入れテスト実施**

機能として何ができなければならないのか？「できること」を箇条書きで挙げる

開発された機能に対して、受け入れテストを行う。同じ受け入れ条件をもとに作っている機能とテストなので基本的にクリアできるはずである

例：商品検索

・商品名と商品説明を対象にキーワード検索ができること
・商品価格を From ～ To で指定して検索できること
・ブランドを指定して検索ができること

プロダクトを検査し、レビューの成果として、プロダクトバックログの改訂（適応）を行う

スプリントの長さは 1 ～ 2 週間です。1 か月先の予測は難しいですが、1 週間先ならどうでしょう？ いかに不確実性が高いとはいえ、1 週間先の状態がまったく想像つかないというのは少ないでしょう。確実性を高めるための工夫をチームで検討してみましょう。

反復的な作成物レビュー

このレッスンの
ポイント

反復は計画作りから始まり、作成物レビューでクライマックスを迎えます。作成物レビューが反復の成果を結実させるタイミングとなるためです。作成物レビューで何を確認するのか押さえましょう。

○ 作成物をレビューし、次の構想を練る

スプリントプランニングと対になるのが、スプリントレビューです。開発チームとプロダクトオーナーだけではなく、プロジェクトやプロダクトの関係者を集めて、スプリントの成果を確認し合うための場です。作成したプロダクトの機能をデモ（動かしながら説明）することで、フィードバックを獲得していきます。得られ

たフィードバックをもとに、プロダクトがもたらす価値をより最適化していくために、何が必要か、何ができるかまで議論します。

つまり、スプリントレビューはプロダクトの戦略を練るための場であるといえます。

▶ スプリントレビューの構成 図表34-1

・参加者は、開発チーム、プロダクトオーナー、及び関係者（プロジェクトやビジネスのオーナー、経営者、想定ユーザーなど）
・何が完成していて、何が完成していないかは、プロダクトオーナーが説明を行う
・スプリントの成果として何ができたか、機能のデモは開発チームが行う
・デモの結果に対して、質問やフィードバックを適宜集める
・スプリントの成果とプロダクトバックログをもとに、今後何が必要なのか構想を練る

開発チーム

プロダクト
オーナー

関係者

スプリント
レビュー

レビューの結果必要と
わかった項目を追加する

改訂された
プロダクトバックログ

○ もう1つの成果物は「チーム」

さて、最後にもう1つの成果物について触れておきます。プロダクト以外に何が成果物なのでしょう? 最初のレッスンで「プロダクトとともにチームもまた少しずつ作り進めていく」と述べました。そうです、アジャイル開発の成果物は「プロダクト」と「チーム」なのです。インクリメンタルかつイテレーティブな開発を通じて、成長するのはチームでもあるのです。逆に、最初から練度の高いチームでもなければ、開発過程を通じてチーム自体が上達していかなければ、いっこうにプロダクト作りの成果も上がらないことでしょう。

チームがどれだけできるようになったか、ふりかえりを行いましょう(スクラムでは「スプリントレトロスペクティブ」といいます)。ふりかえりのなかで、チームとその行為、プロセスを含めてレビューします。反復を繰り返すたびに問題を解消し、少しずつ状況をカイゼンし、機能するチームを目指していきましょう。

▶ **スプリントレトロスペクティブの構成** 図表34-2

・検査(レビュー)の対象は、チーム及び個々のメンバー、そのメンバー間の関係性、プロセス、利用しているツール、環境、場が候補となる
・次のスプリントでカイゼンのために何をするべきか施策として整理する

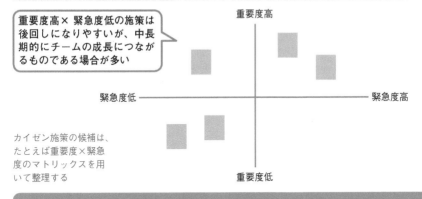

重要度高× 緊急度低の施策は後回しになりやすいが、中長期的にチームの成長につながるものである場合が多い

カイゼン施策の候補は、たとえば重要度×緊急度のマトリックスを用いて整理する

👍 **ワンポイント　構想は大きく、ただし足元の最初の一歩は小さく**

第4章では、アジャイル開発の3つの重要なコンセプトについて解説してきました。たくさんの考え方が提示されて難しく感じたかもしれません。途中で述べたように、アジャイル開発はソフトウェア開発のパラダイムシフトといえる一面を持っています。容易ではありません。だからといって足踏みする必要はありません。最初の一歩は小さなものでもよいのです。ただ、アジャイル開発のコンセプトに基づき、その一歩から学びを得て次の一歩につなげる、これを繰り返して行きましょう。

💡 COLUMN

チームで仕事をするコツがアジャイルには存分に詰まっている

アジャイルはソフトウェア開発の現場にしか適用できないのでしょうか？

そんなことはありません。チームで仕事をするシチュエーションであれば、いかなる現場にも適用できると私は考えています。この章では、期待値を合わせるコツとして、考えていることを表明すること、対話し傾聴すること、目的を明確にすること、ルールや判断基準を作ること、全員でフィードバックを得ながら成長すること、顧客価値を前提に置きながら作業ではなく付加価値をつけた仕事をしていくことなどをコツを交えながら紹介してきました。つまり、これらの方法論はプロダクト作りだけではなく、複数の人が集まって何かの業務をする際にあてはめることができるということです。総務や情報システムなどのコーポレート部門、営業やマーケティングなどの販売部門、タスクフォースなどの短期プロジェクトなど、多様な場面に適用できるのです。

「会社が〇〇だから」「経営陣が〇〇だから」「上司が〇〇だから」「メンバーが〇〇だから」「制度が〇〇だから」など、不満の捌け口として、ダメな理由はいくらでもあるでしょう。そんななかでも、

実際の現場では、リーダーシップを発揮している影の功労者がいるはずです。また、三遊間を抜けそうな打球をそつなく毎回拾っているフォロワーシップの塊のようなメンバーもいるでしょう。管理職や役職者が全権を担い、リーダーシップからフォロワーシップまですべてを発揮しなければいけないわけではないのです。

メンバーの誰でもがリーダーシップやフォロワーシップを発揮できるのがよいチームなのです。ワイワイガヤガヤと要望やリスクを表明しながら、アジャイルの方法論を活用して短時間で意思決定できるチームを目指してみませんか。もしかしたら、万能な絶対的なリーダーを求めるよりも早いかもしれないです。

同じ場面でもリード役を演じることやフォロー役を順に演じることがあってもよいでしょう。また、シチュエーションによって、リーダーシップを発揮する人は異なるのかもしれません。こういったことの積み重ねでパフォーマンスのよいチームに発展していくのです。他責にしていても何も始まりません。あなたの行動がすべてを変えていくのです。

ただし、チームのあり方の正解があるわけではありません。現場や状況により正解は異なってよいのです。そのためには、向き合い続けられる問いを作りましょう。
「われわれは何をするチームなのか？」

Chapter
5

小さく始める
アジャイル開発

本章では、アジャイル開発を始めるために、現場で気軽に一歩を踏み出せるプラクティスを紹介します。プラクティスを強化すれば既存の組織とはまったく異なるコミュニケーションの量と質を体感することとなるでしょう。

[方法論、プラクティス]

アジャイルのはじめの一歩

このレッスンの
ポイント

ここからは最初の一歩として大切な「見える化する」、そして「一緒に取り組む」を実現するためのプラクティスを学んでいきます。レッスンは実際の行動に即して時系列に並んでいるため、ぜひ現場で試してみましょう。

○ アジャイルを実践するには

これまでの章でアジャイルの背景や全体像、コンセプトを学んできました。明日からどう取り組めばよいのかと、興味が湧いてきていることでしょう。この章の各レッスンでは、1人からでもすぐに始められる実践方法や、チームでの基準を揃える具体的な方法を、現場のシチュエーションを鑑みながら紹介していきます。これらはアジャイル開発をはじめ、現場で一歩一歩を踏み出すためのプラクティスの数々です。次のレッスン36からは、現場でよくある問題に対して効果が高い

ものを紹介していきます。

このあと詳しく説明しますが、最初の一歩として大切な方向性は「見える化する」こと、そして「一緒に取り組む」ことです。この2つを実現するプラクティスを実践し習慣化することで、チームのパフォーマンスは向上し、次のステップへと進んでいきます。

なお、プラクティスとはチームのパフォーマンスを高めて、プロジェクトを成功に導くための方法論を指します。

○ 見える化する

アジャイル開発は「インクリメンタル（少しずつ）かつイテレーティブ（反復的に）に作り進める」ものです。繰り返しのなかで作成物とチームをよりよくしていくことを期待していますが、現在どんな問題を抱えているのか、またどのような状況にいるのかがわからなければ次の一手

を打てません。まずはタスクと状況を見える化します（レッスン36、37）。そうして朝会で日常を見える化し、日々発生する課題と向き合い（レッスン39）、スプリントの終わりにはそのスプリントにやったことをふりかえります（レッスン41）。

○ 一緒に取り組む

アジャイル開発におけるもう1つのコアコンセプトが「チーム」でしたね。まずは自分1人のタスクや状況を見える化するところから始めたとして、タスクがいつ完了するかの着地点を見積もる段階ではチームとともに実施するのがよいでしょう（レッスン38）。これは1人ではわからないことが、チーム全体で見ることで明らかにできるからです。ペアで働くプラクティスを取り入れることで（レッスン40）、自分1人ではやりきれない課題を解決したり、ペアで働く相手を理解しチームとしてつながっていくきっかけにもなったりします。

なお、「見える化」に効くプラクティスである朝会、そしてふりかえりは「一緒に取り組む」プラクティスでもあります。この2つのプラクティスから実践することで「見える化する」「一緒に取り組む」を両方実現できるため、ここからスタートするのがやりやすいでしょう。

▶ この章で学べること **図表35-1**

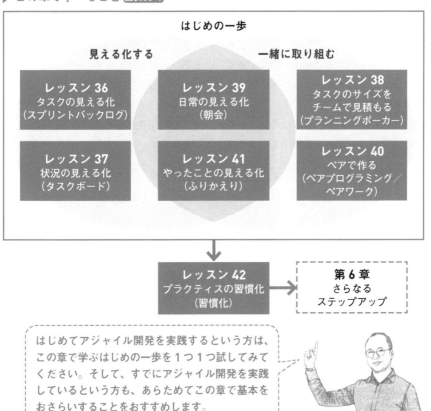

36 ［スプリントバックログ、プロダクトバックログ］
タスクの見える化

**このレッスンの
ポイント**

外部からの割り込みや気づいていなかった小さなタスク、見積もりのミスなどにより仕事は遅れていきます。すべてのタスクを見える化したタスクリストを作成し、やるべきことを明確にしていきましょう。

⭕ スプリントバックログを作成する

このレッスンでは第4章で紹介したプロダクトバックログ、スプリントバックログという言葉を用いて説明します。これらはスクラムの用語ですが、紹介するプラクティス自体はスクラム以外でも適用できるものです。

最初に取り組むのが、タスクの見える化です。スプリント中に実施するタスクを

すべて洗い出し、それらのタスクに対して優先順位をつけます（図表36-1）。このとき、同じ順位はつけず、必ず優劣をつけるようにしましょう。そうすることで、次のページ以降で解説する予期せぬタスクの割り込みや追加タスクが発生したときに何を優先するべきか意思決定しやすくなります。

▶ スプリントバックログの作成 図表36-1

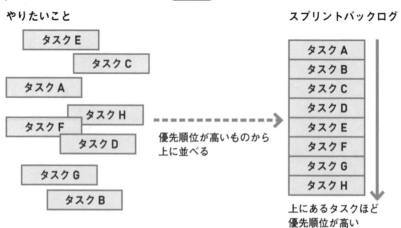

やりたいこと

タスク E
タスク C
タスク A
タスク H
タスク F
タスク D
タスク G
タスク B

優先順位が高いものから
上に並べる

スプリントバックログ

| タスク A |
| タスク B |
| タスク C |
| タスク D |
| タスク E |
| タスク F |
| タスク G |
| タスク H |

上にあるタスクほど
優先順位が高い

スプリント中に実施するタスクに優先順位をつける

● 見えていないタスクの存在

仕事を予定通りに完了できなかったという苦い経験は誰にでもあるのではないでしょうか。図表36-2 に示すように、計画段階では見えていなかったタスクが存在（または新たに発生）し、仕事の完了が遅れてしまうことがあります。これは優先順位つきのタスクリストを作っていたとしても発生します。

「なるはやで」（なるべく、はやく）と依頼され、有無をいわさず割り込みタスクを実行する状況は開発の現場においてよく見られる光景であり、仕事を完了させるうえでの妨げになっていると感じる人が多いのではないでしょうか。

では「なるはや」の割り込みがなくなれば仕事は予定通りに進むのかというと、そうではありません。計画段階で見落としていたタスクや、そもそもの難しさを見誤ることも予定を狂わせる要因です。しかし予定からのズレ、追加のタスクについてはその存在が見落とされがちです。見えていないものを改善したり、見直すことはできません。作成物、そしてチームをいまよりよいものにしていくために、この見えていないタスクを見えるようにすることから始めましょう。

▶ 見えていないタスクが計画に割り込む 図表36-2

計画段階では見えていなかったタスク（★）が割り込んでくる

事前にすべてのタスクを洗い出そうと思うのではなく、途中でタスクが追加になるだろうという心構えを持ちましょう。

○ スプリントバックログを更新する

前項で解説したように、開発を進めるなかで当初は見えていなかったタスクが発生します。ここでは、「なるはや」の割り込みが入ってきたときに、レッスンの冒頭で作成した優先順位つきスプリントバックログをどのように更新するのか解説します。

図表36-3 のように、既存のスプリントバックログにあるタスクと割り込みタスクを比較します。

一番下にあるタスクより割り込みタスクのほうが優先順位が高いならスプリントバックログに追加し、そうでなければプロダクトバックログ側に置いておきます。

割り込みの依頼については、本当に急ぎのものもあればそうでないものもあります。優先順位を正しく見極め、適切なタイミングで取り組みましょう。たとえば、依頼された「なるはや」タスクであれば、いますぐ取り組まないとどのような問題が発生するのか依頼者に確認するのがよいでしょう。もちろん依頼者と合意をとることをお忘れなく。

予定とのズレ、追加のタスクについてはスプリントバックログの形にした時点で「抜けモレがないか」を確認し、変更や追加の必要があれば実施しましょう。

> 追加で実施が必要だ、と思ったタスクを言語化しスプリントバックログと比較してみると、実はそんなに急ぎでやる必要がないタスクだと気づくこともあります。

👍 ワンポイント　時間管理マトリクスを活用しよう

ここではスティーブン・R・コヴィー著『7つの習慣』で紹介された「時間管理マトリクス」について解説します。これは物事を緊急性が高い・低い、重要度が高い・低いという2軸で分類するものです。レッスン34でもこのマトリックスが使われていましたね。

「なるはや」で依頼されたタスクの優先順位を判断するにあたってこのマトリクスを活用してみましょう。緊急性、重要度がともに高いのであれば優先順位を上げるべきでしょう。一方で気を

つけなければいけないのが、緊急性は高いが重要度は低い、というタスクです。「急いでいる」といわれるとついすぐにやらなければいけないように感じてしまいます。「なるはや」での依頼は緊急性が高い、少なくとも依頼者はそう思ってタスクを依頼してきています。ですが、実は重要ではないということがあるのです。まずは立ち止まって重要度を見極め、本当にいま取り組んでいるタスクより優先順位を上に持っていくべきか判断していきましょう。

▶ スプリントバックログの更新 図表36-3

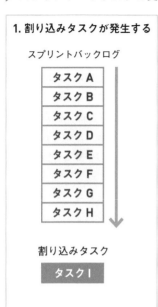

1. 割り込みタスクが発生する

スプリントバックログ

| タスク A |
| タスク B |
| タスク C |
| タスク D |
| タスク E |
| タスク F |
| タスク G |
| タスク H |

割り込みタスク

| タスク I |

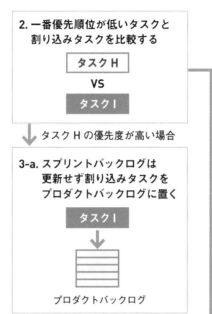

2. 一番優先順位が低いタスクと 割り込みタスクを比較する

| タスク H |

VS

| タスク I |

↓ タスク H の優先度が高い場合

3-a. スプリントバックログは 更新せず割り込みタスクを プロダクトバックログに置く

| タスク I |

プロダクトバックログ

割り込みタスク I の優先度が高い場合

3-b. スプリントバックログを更新。割り込 みタスクを一番下に追加、あふれる タスクはプロダクトバックログへ

スプリントバックログ

| タスク A |
| タスク B |
| タスク C |
| タスク D |
| タスク E |
| タスク F |
| タスク G |
| タスク I |

| タスク H |

プロダクトバックログ

→ 割り込みタスクより優先順位 が高いタスクがあるまで比較 と入れ替えを繰り返す

スプリント内に実施可能な作業量 になるまで下から順にプロダクト バックログへ移動させる

割り込みタスクと、スプリ ントバックログのタスクで 優先度を比較しながらタス クを管理する

NEXT PAGE →

● プロダクトバックログに「わかったこと」を追加していく

プロダクトバックログを作ることは「見える化」の第一歩です。前項で解説したように、割り込みの依頼についてはスプリントバックログと比較することで優先順位を正しく見極められます。

一方で、「見えていないタスク」については計画段階では見えていません。従来はこの「見えていないタスク」が見えないまま埋もれていましたが、新しく実施が必要だと「わかった」ことについては新たにプロダクトバックログへと追加しましょう。

いまスプリントバックログにあるタスクと関連がない新しいものであれば、図表36-3 と同じ手順でスプリントバックログに入れるべきか判断します。

「見えていない」タスクのなかには、すでにスプリントバックログにあるタスクと関連がある場合があります。優先順位が高いタスクを完了させる前提となるタスクであれば、いきなり高い優先順位の位置に割り込ませる必要が出てきます。これを判断するための手順を 図表36-4 に記してあります。

このように新たに発生した、気づいたタスクについても見える化することでさまざまなことを学べます。計画と実際の行動にはどれくらい差があったのか、遅れが発生した要因は何か、どのような対策が考えられるか。見える化することで次に打つべき一手が明らかになるのです。

👍 ワンポイント 「わかったこと」はすぐに見える化する

いざそれまで見えていなかったタスクに直面すると「がんばれば予定を変えずに終わらせられる」「自分の洗い出し不足のせいなのだから、無理してでも終わらせないと」といった心理状態になり、バックログへ追加する作業をスキップして追加タスクに手をつけてしまうことがあります。

こうなってしまうと、追加タスクは見える化できません。では、どのタイミングでプロダクトバックログに追加するべきでしょうか。理想的には「気がついた」そのときに追加するのがよいでしょう。ですが、追加タスクに気が

ついたときにプロダクトバックログを更新できる状態にあるとは限りません。そういった場合は、手元にメモしておいて、あとでプロダクトバックログに追加するのがよいでしょう。

また、Slackなどのチャットツールで追加タスクについてチームメンバーに共有しておく、レッスン39で紹介する朝会の場で共有する、といった方法も有効です。そのときプロダクトバックログを更新できるメンバーがいるならば、そのメンバーに更新を依頼してもよいでしょう。

▶ すでにスプリントバックログにあるタスクと関連がある場合の更新手順 図表36-4

**1. 優先度の高いタスクの
　関連タスクに気づく**

スプリントバックログ

B の関連タスク

タスク B-1

**2. タスク B を完了させるために
　タスク B1 を完了させる必要が
　あるか確認する**

タスク B
タスク B-1

↓ 必要がない場合

**3-a.「スプリントバックログの
　　 更新」の手順に従い、
　　 タスク B1 をスプリントバック
　　 ログに入れるか判断する**

必要がある場合

**3-b. スプリントバックログを更新タスク B1 を
　　 タスク B の上に追加。あふれるタスクは
　　 プロダクトバックログへ**

スプリントバックログ

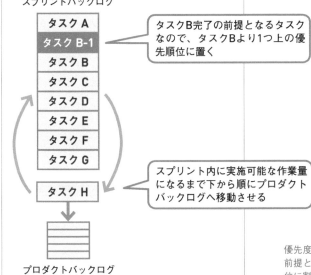

タスクB完了の前提となるタスク
なので、タスクBより1つ上の優
先順位に置く

スプリント内に実施可能な作業量
になるまで下から順にプロダクト
バックログへ移動させる

優先度の高いタスクを完了させる
前提となるタスクは、高い優先順
位に割り込ませる必要がある

37 状況の見える化

このレッスンの
ポイント

状況を見える化することで、誰がどんなタスクをどれくらい抱えているのかがわかります。現場の事実に目を向け、進捗具合、仕事の抱え込み具合、そして突発的な課題などを、チーム全員で把握できる仕組みを作り出しましょう。

⭘ タスクボードを作る

ソフトウェアを開発する際には複数のタスクを抱えているものです。個々のタスクが順調に推移しているのか、全体に遅れはないかをリアルタイムに確認するための手段が必要となります。そのためのツールがタスクボードです。

このタスクボードは現在のバックログがどういう状況にあるのかを可視化するために使われます。 図表37-1 のように「やること（TODO）」、「やっていること（DOING）」、「やったこと（DONE）」の3つのレーンを作成し、タスクは左から右に流れるように設計します。

TODOのレーンにはスプリントバックログをすべて貼り出します。これも優先順位で並べておきましょう。

このような見える化によって、そのスプリントの状況を誰でも知ることができるようになります。また、物理的にタスク量が表現されているため、開始時点で「今回のスプリントはちょっとタスク多すぎるかも」と気づいたり、スプリントの折り返し地点で「半分くらいTODOに置きっぱなしだ、このままだと進捗に遅れが出るかも」とリスクを発見したりすることができます。

▶ タスクボードで状況を見える化 図表37-1

TO DO	DOING	DONE

やること（TODO）、やっていること（DOING）、やったこと（DONE）ごとにレーンを作って状況を見える化する

● タスクボードの基本的な使い方

タスクボードの基本形は前項で示したTODO・DOING・DONEですが、チームの運営に合わせて要素を追加、削除したほうがより使いやすくなります。たとえば他チームの作業待ちが多く発生するようであれば「待機中（WAITING）」のレーンを追加するなどです（図表37-2）。こうい

った変更を行いたいという要望は開発をスタートさせてから途中で発生することがあります。そのため特に、はじめて実施する際にはホワイトボードなど簡単に変更を行えるツールを使うことをおすすめします。

▶ タスクボードのカスタマイズ 図表37-2

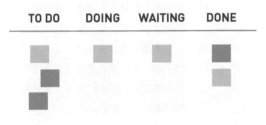

| TO DO | DOING | WAITING | DONE |

チームの運営に合わせてレーンを追加、削除するなどカスタマイズする。この例では待機中（WAITING）を追加してある

チームでの活用方法を想定して書いていますが、個人の進捗を確認することにも使えます。

👍ワンポイント　タスクは付箋紙に書こう

タスクボードは日々更新していくものなので、ホワイトボードなど常に目に入る道具を使って、1つ1つのタスクは簡単にレーン移動できる付箋紙に書き出すことをおすすめします。また、付箋紙の色とタスクの種類を紐づけしておけば、どんな種類のタスクがあるの

か簡単に確認できるようになります。チームが生み出したタスクとチーム外からの依頼で分けてみたり、途中で追加になったものだけ色分けしてみたり、チームに合った付箋紙の活用方法を探してみましょう。

● タスクは簡潔にわかりやすく

タスクは「いつまで・誰が・何を」を明確にし、かつ簡潔にまとめます。目安としては付箋紙1枚に1つのタスクです。図表37-3 のように長い文章にしてしまうと、朝会などで周りのメンバーが読めなくなってしまいます。

なお、タスクのサイズは大きくても1日で終わるように見積もりましょう。2日を超えるタスクになる場合は、図表37-4 にあるようにタスクを分割します。

なぜこのようなことを行うかというと、タスクが1日以上の規模感がある場合には、タスクで実施する詳細な作業や完了条件などが曖昧なケースが多くみられるからです。また、2日以上の規模感になるとタスクボードの「やっていること」で止

まっている期間が長くなりますが、見た目の変化がないため順調なのか遅れているのかが把握しづらくなります。

それまで「だいたい1週間」「3日かな」など、1日単位以上の大きさで見積もりをしていた現場であれば「タスクのサイズを1日で終わるように見積もる」というのは難しく感じるかもしれません。そういった場合は、まずは大きい粒度でタスクボードの運用を始めて、徐々に細かくしていくのがよいでしょう。実際にタスクを実施した手順を書き出してみて、事後的にその手順ごとにタスクを分割するといった作業を行い、徐々にタスクを分割することに慣れていきましょう。

▶ **よいタスクの書き方、悪いタスクの書き方** 図表37-3

稟議書

書いた本人にしかわからないタスク

案件〇〇に必要なツールを購入するために、XX部長へ稟議を通す必要がある。そのためにツール導入の費用対効果などデータを集め、稟議を通す。だいたい5月半ばくらい？

一見して何だかわからないタスク

5/16までに新井が稟議書を提出できる状態にする

いつまで・誰が・何を、を簡潔に記載したタスク

タスクを簡潔にわかりやすくしておくことは、「見えていないタスク」の発生を抑えることにもつながります。明確になっていることで、ヌケモレを発見しやすくなるためです。

5/16 までに
新井が
稟議書を提出できる
状態にする

見積：5 日

いつまで・誰が・何を、を簡
潔に記載したタスク

5/14 までに
新井が
費用対効果など稟議の申請に
必要なデータを集める

見積：2 日

5/15 までに
新井が
データを稟議書のフォーマット
にあわせて記載する

見積：2 日

5/16 までに
新井が
提出に必要な捺印を完了する

見積：1 日

細かくブレイクダウンしたタスク

👍 ワンポイント　動詞と完了条件も忘れずに

タスクは作業を表すものなので「作成」や「チェック」などの動作になるはずです。名詞だけだと何を実施するのかが不明確です。図表37-4のように付箋紙には対象（名詞）と作業（動詞）と完了条件の3つを書くとよいでしょう。

たとえば本人は「稟議書」だけの記載でもタスクを把握できているかもしれないですが、ほかのメンバーは素案を作るのか、顧客へのメールまで考えているのか、申請するのかまでは、わかりません。

38 タスクのサイズをチームで見積もる

このレッスンの
ポイント

スプリント中に完了させたいことをきちんと完了させられるか予測するために、見積もりを行います。チームで見積もることでタスクへの理解度が深まり、見積もりに必要な情報が集まってくるのです。

○ 見積もりは相対的に行う

タスクのサイズは、すでに見積もりされている（規模感について把握されている）タスクと比較しながら相対的に見積もっていきます。例として、まず 図表38-1 の「規模の比較」を見てください。Bが何cmかすぐに答えられる人はいないと思います。一方で、BはAと比べてどれくらいの大きさか、という問いには簡単に答えられますよね。これは、人間が相対的に見積もることを得意としているためです。タスクが完了するまでの時間はタスクの

規模と個人、チームの開発速度とで変化するため、まずタスクの規模から見積もります。

見積もりたいのは絶対的な時間ではなく規模感なので、具体的な意味を持たない仮想の単位「ポイント」を用います。このとき、1/2/3/5/8/13……と増加していく「フィボナッチ数列」を使うと、大きいタスクサイズほど誤差を含むことが表現され、またタスク間でのサイズ比較がやりやすくなります（図表38-2）。

👍 ワンポイント フィボナッチ数列

フィボナッチ数列は「直前の2つの数の和」からなる数列で、花びらの数など自然界の現象によく現れるものです。「サイズが大きいほど誤差を含む」ことを表現したいのであれば指数関数な

どほかにも手段はあります。そのなかでフィボナッチ数列が広く採用されているのは、この「自然界でよく現れる」性質が我々にとって無意識レベルでなじみ深いものだからといえます。

▶ 規模の比較 図表38-1

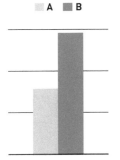

それぞれの大きさは
見積もりづらいが、
両者を比較すること
で相対的に見積もり
やすくなる

▶ サイズの比較のやりやすさ 図表38-2

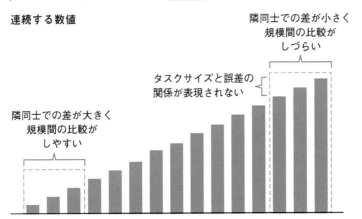

連続する数値

隣同士での差が小さく
規模間の比較が
しづらい

タスクサイズと誤差の
関係が表現されない

隣同士での差が大きく
規模間の比較が
しやすい

フィボナッチ数列

隣同士での差が大きく
規模間の比較がしやすい

タスクが大きいほ
ど誤差を含むこと
が表現される

タスクのサイズを見積も
るとき、連続する数値で
見積もると規模によって
は誤差が表現しづらい。
そういう場合はフィボナ
ッチ数列を用いると誤差
を表現しやすくなる

チームの開発速度をベロシ
ティといいます。このベロシ
ティとタスクの「ポイント」
から、チームがスプリント内
にどれだけタスクをこなせる
かを予測できます。

○ 理解度を揃えるプランニングポーカー

見積もりをチーム全員で行う「プランニングポーカー」という手法があります。その名の通り、トランプ型のカードを使いメンバーそれぞれが見積もり対象のタスクに対してどの程度の規模感かを見積もり、全員でタイミングを合わせて一斉に提示する手法です。有識者が先に見積もりを提示してしまうと皆その見積もりに引っ張られるし、かといって経験の浅いメンバーは有識者に先んじて見積もりを提示することにためらいます。

そのため、経験値や組織における立場に関係なく、全員でタイミングを合わせるのです。図表38-3 にあるとおり、担当者の説明に基づいてメンバー全員で見積もりを行います（このとき、担当者の説明でわからない点があれば質問します）。メンバー全員が見積もりを行うと何が起こるでしょうか。皆、違う見積もりを提示

してきます。私の現場ではプランニングポーカーでの見積もりを開始してから1年以上経過していますが、いまでも最初から完全一致することはほとんどありません。しかし、この不一致こそがタスクへの理解度を揃えるきっかけになるのです。

不一致となった場合は、メンバーそれぞれにその見積もりとなった理由を聞いていきます。担当者の見積もりより大きな見積もりを出したメンバーに話をきくと、「過去に同様の開発を行った際はもっとかかった」「開発はそうでもないが検証に時間がかかる」といった知見が得られます。また、担当者としては市場リリース可能なところまで作り込むつもりだったけれど、メンバーたちはとりあえず動くものが出てくるくらいの想定だったというゴールのズレに気づくこともできます。

> 見積もった規模感に対して、メンバーの人数やスキル構成、経験値、経験したスキルアップにより、スケジュールの着地点は修正されていきます。規模感とスケジュールを分けて見積もる利点です。

👍 ワンポイント　簡易版プランニングポーカー

フィボナッチ数列で見積もりを行うプランニングポーカーですが、チームがこの方法での見積もりに慣れていない場合や、もっとざっくりした粒度での見積もりで十分な場合はさらに簡略化して実施するのもよいでしょう。たとえばストーリーポイントを1、3、8、13のみとしたり、小・中・大で見積もってみるなどです。ある程度慣れてきて、見積もりの解像度を上げたくなったタイミングで通常のプランニングポーカーに戻せばよいでしょう。

Chapter 5　小さく始めるアジャイル開発

① 担当者「チュートリアルを追加します」

チームメンバー

担当者がタスクの内容について説明する

※チュートリアル：はじめてソフトウェアを利用する人向けの丁寧な機能説明

② 担当者「インターフェースの変更はありますか？」

チームメンバー

メンバーが質問し見積に必要な情報を得る

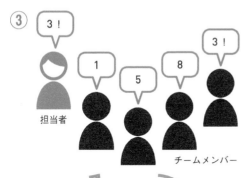

③ 担当者「3！」 1 5 8 3！

チームメンバー

各自で見積もり、ポイントを提示する

見積が揃うまで繰り返す

④ 担当者「検証まで考えると、けっこうかかりそうです」

チームメンバー

なぜその数値だったか共有しズレをなくしていく

39 ［朝会］
日常の見える化

このレッスンの
ポイント

「場」に集まって行う朝会では、チームの状況を迅速に把握し、問題があれば軌道修正します。3つの問いに答えながら、進捗をすり合わせ、プロジェクトやメンバーの健康状態のシグナルをお互いにキャッチします。

⭕ 毎日チームを軌道修正する

「朝会」はメンバー全員に対して共有が必要な情報を共有するためのプラクティスです。タスクボードの前にメンバーが集まり、全員が 図表39-1 にある3点について各々の観点から話します。そして困っていることや進捗遅れなどを表出する

ことで、重大な問題に発展する前にチームで対処します。

この3点を毎日共有することで、タスクと向き合うなかで発生した問題を解決し、ゴールへ向けて軌道修正するための議論を日々行い、チームを軌道修正できます。

▶ 3つの問い

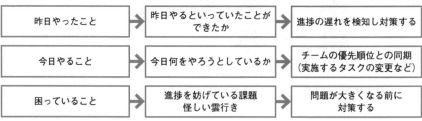

3つの問い	問いへの答えからわかること	どのようなアクションへつなげるか
昨日やったこと	昨日やるといっていたことができたか	進捗の遅れを検知し対策する
今日やること	今日何をやろうとしているか	チームの優先順位との同期（実施するタスクの変更など）
困っていること	進捗を妨げている課題 怪しい雲行き	問題が大きくなる前に対策する

朝会で話し合う3つの観点

> 👍 ワンポイント　**二次会へ行こう**
>
> ありがちなのが、タスクついて詳細すぎる説明をしてしまうケースです。そうすると朝会の時間が間延びしていってしまいます。朝会では 図表39-1 にある3つの問いに集中し、詳しい話は朝会後に関係者のみで話し合いましょう。この仕組みを「二次会」と呼びます。

● スタンダードな朝会のやり方

まずは場のルールを決めましょう。会議を円滑に進行するための基本的なルール、グランドルールをメンバーで対話しながら設定していきますが、ここでは多くの現場で採用されている典型的なグランドルールを挙げています（図表39-2）。

1つ目のルール、毎日決まった場所と時間ですが、これは現場の始業の時間に合わせ、自分たちが働く席の近くで実施するとよいでしょう。仕事を始める前に新しい課題や気づきを共有することができ、朝会が終わり次第すぐ仕事に取りかかれ

るからです。

普段からPCを使って業務をすることが習慣化している人は（開発の現場はほぼ全員がそうでしょう）、朝会でも座って各自のPCを見ながら実施する方法をとることがあります。そうすると個人の関心事を詳細に話してしまったり、PCで作業を始めてしまったりして、「メンバー全員に対して共有が必要な情報の共有」が正しく行われません。ここに示してあるグランドルールを採用するだけでもそういった状況は防ぐことができます。

▶ 朝会のグランドルール（例）図表39-2

ルール	ねらい
毎日決まった場所と時間	同じ時間、場所で繰り返し実施しチームのリズムを整える
15分以内	集中して行う 短時間なので予定を確保しやすい
全員立ったまま	注意力をミーティングに向ける 話す時間を短くさせる
タスクボード前でタスクを指さしながら	チームメンバー全員でタスクと向き合う構図を作る 個人の関心事ではなくチームの状況に目を向けさせる

👍 **ワンポイント　Same Time, Same Place－同じ時間、同じ場所でやる**

「朝会」といいつつも、実施する時間帯は昼でも夕方でも構いません。チームメンバー全員が集まる時間帯に毎日実施して、チームのリズムを整えていきましょう。チームがギスギスしない

ように、前向きなコミュニケーションをとるようなグランドルール（うまくいったら親指を立てるサムズアップで褒めたたえる、など）を定めてもよいでしょう。

[ペアプログラミング、ペアワーク]

40 ペアで作る

**このレッスンの
ポイント**

複雑な業務やはじめてのタスクの場合、1人では何かと不安だったり成果を出せない焦りがあるものです。不安を解消し、生産性と品質を向上させる<u>ペアプログラミング、ペアワーク</u>を習得しましょう。

○ ペアプログラミングで生産性を上げる

1人で作業をしているとケアレスミスをしてしまったり、チームメンバーからは読みづらい、わかりづらいコードを書いてしまったりすることがあります。これはベテランであっても発生する問題です。こういった課題を解決するためにはコードレビューの実施が効果的ですが、レビューには待ち時間が発生します。また、ある程度作り込んだ段階でレビューを行うと手戻りが大きくなる場合があります（図表40-1）。

そこでペアプログラミング（ペアプロ）

の出番です。1台のPCとディスプレイを利用して2人でプログラミングを行うこのプラクティスは、<u>常にレビューし合っている状態</u>をもたらします。基本的に同じレベルのエンジニア同士で行いますが、教育目的でベテランと新人が組むこともあります。レビュー以外にもチャットツールの通知などで集中力が削がれない、書いたコードを知っている人が最低でも2人以上になる、お互いの得意分野を活かしてチームワークを発揮できるといった効果があります。

▶**1人でプログラミングをする場合のレビューフロー** 図表40-1

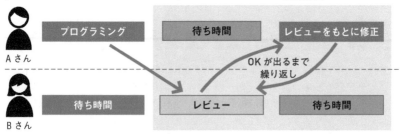

Aさんが1人でプログラミングしている場合、Bさんがレビューし、それをAさんが修正し、というお互いの作業時間がそのまま相手の待ち時間となる

プログラミング以外もペアで行う

ペアプログラミングの対象はプログラミング以外にも当てはまります。これを「ペアワーク」と呼びます。図表40-2 にペアワークに適したケースをいくつか紹介しています。

緊急トラブルやツールの設定など1人で対峙することがつらい作業は、一緒に取り組むことで心理的障壁も下げられるでしょう。

また、新しくチームに参加したメンバーの育成やベテランが持つ暗黙知の伝授など、教育に役立てることもできます。

▶ ペアワークを適用するケース 図表40-2

ケース	効果
緊急トラブルの対応	複数の視点で見ることで原因特定までのスピードが速くなる
ツールのインストールや設定	指さし確認しながら作業することでミスを防げる 長いドキュメントを目の前にしても心を折らずに作業できる
レベル差がある業務の伝授	過去の経験からくる業務の勘所（文書化されていない暗黙知）が共有される その場で質問し、回答を得ることができる

ペアでの作業は非効率？

管理者など現場から離れている人からすると、「ペアで作業すると、効率は落ちるのではないか」などと心配になるものです。確かに1人1人でコードを書いたほうがより多くのコードを書くことができるでしょう。1人でやるところを2人がかりでやるからといって半分の時間でできるようになるわけではありません。しかし、1人でコードを書く場合にはレビューのための待ち時間、書き直しの時間が必要になります。そのため、常にレビューしてお

り書き直しの少ないペアプログラミングのほうが、リリースするまでにかかる時間は短くなります。

ペアプログラミングのメリットに対して懐疑的な現場では、成功例を紹介する（上記で示したレビュー待ち時間削減の例など）、1スプリントだけ試してみてそのスプリントの終わりに効果を検証する、といった方法で導入してみるとよいでしょう。

私のチームではじめてペアプログラミングを実施したときも、私を含めて本当に生産性が向上するのか不安でした。実際にやってみると、本文中で触れたように待ち時間がゼロになる、師匠的ポジションのエンジニアしか知らなかった暗黙知が共有されるなど効果が現れ、その不安は払しょくされました。

[ふりかえり]

41

やったことの見える化

このレッスンの
ポイント

ふりかえりを定期的に実施して、経験を知識に変え、失敗を学びに変え、チームとして成長していきましょう。定期的に立ち止まって考える時間が重要なのです。ふりかえりのフレームワーク**KPT**を使ってノウハウを習得しましょう。

⭕ チームの課題や気づきを共有する

開発するものだけに集中し続けていると、「チーム内のコミュニケーションがうまくいっていない」といったチームに発生している課題、「最近、割り込みでの依頼が多いから何か対策したほうがいいな」というような気づきを見過ごしてしまうことになります。こういった課題や気づきから学び、カイゼンしていくプラクティスが「ふりかえり」です。

このふりかえりは1〜2週間の短い間隔で実施します。通常はスプリントの最後に行い、作成物レビューの結果も踏まえてふりかえります。過去のイベントや自分が体験したこと、その際の感情も使ってふりかえります。

ところで、なぜ1〜2週間なのでしょう。

マギル大学で記憶の忘却について研究しているオリバー・ハルト氏によると、我々の脳は平凡な出来事については忘却するようにできているそうです。そのため、1〜3か月が経過したあと記憶に残っているのは印象的な出来事ばかりで、かつその細部は覚えていないものです。小さな気づきや課題から学習するためには短い期間でふりかえることが望ましいでしょう。また、1か月ごとにふりかえりを行った場合、年間での実施回数は12回ですが、1週間ごとであれば年間の実施回数は単純計算で50回を超えます。それだけ気づきや課題から学び成長する機会を多く得られるということになります。

◯ 続けること、問題点、試してみること

はじめの一歩として、現場で使われることの多いふりかえり手法である「KPT」（けぷと）を紹介します（図表41-1）。

KPTはKeep/Problem/Tryの頭文字です。Keepはよかったので継続すること、Problemは悪かったことや失敗したことや問題だと思ったこと、TryはKeepをさらに上手に実施する方法や、Problemを解決する対策としてやってみることを表しています。

KPTを定期的に実施し、その結果をタスクボードの近くに記録しておきましょう。Keepに掲げたものがさらによくなったのか、Problemに挙げた課題が減ったのか、Tryに出てきた項目が実施できたかどうかなどの定点チェックができるようになります。

▶ **KPTのフレームワーク** 図表41-1

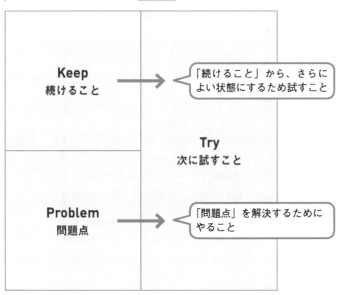

続けること、問題点、次に試すことを見える化する「KPT」

ふりかえりはチームにとっての健康診断のようなもので、表面的に課題が現れていないチームにとっては必要性が感じられないかもしれません。しかし定期的に現状を観測し、問題があれば大きな問題に発展する前に解決していくことはとても大切です。

○ KPTをやってみよう

週に1回の開催頻度であれば最低1時間くらい確保しておけば、KeepとProblemの共有、Tryについての議論を十分に行うことができるでしょう。具体的なやり方は、まずホワイトボードや模造紙に 図表41-3 のような線を書き出します。Keep、ProblemどちらからもTryにつながることがあるので左側にKeepとProblemを、右側にTryを書きます。

チームメンバーで集まり、K、P、Tの順に付箋紙に書き出しながら、メンバーに共有していきます（図表41-2）。共有した意見とほぼ似た意見を持っていたら、付箋紙を近くに寄せるように置きながら発言しましょう。

K、P、Tの順に項目ごとに別々に実施することで、ほかのメンバーが考えていた意見などから、自分が忘れていた大事なことも思い出すきっかけになるのです。

ほかのメンバーが共有したKやPに対してTを出すなどして、チーム内で相乗効果を生んでいきましょう。

▶ タイムテーブルの例 図表41-2

> 1. Keep を各自が記載（5分）
> 2. Keep を貼り出しながらチームに共有（10分）
> 3. Problem を各自が記載（5分）
> 4. Problem を貼り出しながらチームに共有（10分）
> 5. Problem を解決する Try をチームで発案（10分）
> 6. Try から実際に実施すべきものへドット投票（5分）
> 7. Try の投票数の多い上位3項目の実施期日やリード役の確認（10分）
> ※ドット投票……1人3票ずつなど決めて実施したいものへ投票する多数決型の意思決定手法

実施する上記項目数についてはスプリント期間で実施することを考えると2〜3項目が望ましい

「問題を解決したい」という気持ちから、どうしても Keep より Problem が多く出てきがちです。はじめのころは意識的に Keep を出し「続けたいこと」を言語化する習慣をつけましょう。

Keep			Try		
案件順調	毎週定例で期待マネジメントできた	リモートでも同期のタイミング助かる	毎週定例の継続 ●●●		
新メンバージョイン	雑務を拾ってくれるAさん神		同期タイミングの事前調整 ●●●		
Problem					
オフィス環境の悪化による空気が淀んでいる	開発が繁忙期に入り、ゆとり時間がなく、ケアレスミス増加	残業時間増加傾向で朝活気がない	健康維持のためジム通い ●	換気時間を昼休みに設ける	水曜定時退社日の厳守 ●●● ●●●
ターゲットユーザー認識齟齬で大幅な手戻り			ペルソナの再確認と再構築 ●●●		

ホワイトボードや模造紙にKeep、Problem、Tryの枠を作って、付箋紙などを貼り付けていく。Tryのうち、それぞれが実施したいものに丸いシールを貼り投票を行う

👍 ワンポイント 「感謝」の見える化

「こぼれ球を拾う」「手こずっているメンバーを手伝う」といった動きはチームワークを発揮するためには重要ですが、フィードバックがなければ継続する気力はなくなっていきます。ここでは、こういったチームワークを支える行動にフィードバックを与える「感謝」の見える化を実現するプラクティスを紹介します。

書籍『アジャイルレトロスペクティブズ　強いチームを育てる「ふりかえり」の手引き』(Esther Derbyほか著、オーム社刊) で紹介されているプラクティスの1つ「学習マトリクス」は、いうなればKPTに「感謝」という軸を加えたものになります。Keep、Problemを共有し取り組むTryを決定したあと、最後にチームメンバーへの感謝を示すアクティビティです。感謝を伝えるというのは、「あなたの行動がチームにとってプラスになっている。その行動を継続してほしい」というフィードバックを行うことにほかなりません。

日頃一緒に働いているメンバーへ改まって感謝を伝えるのは、最初はこそばゆいものです。私の現場でも、最初はメンバーではなくJenkinsなどツールへ感謝するところから始まりました。しかし、この「感謝」する行動を継続することでよい行動へフィードバックが与えられるようになります。また、チーム内に互いを尊重し称え合う文化が醸成されていきます。

[習慣化]

プラクティスの習慣化

このレッスンの
ポイント

プラクティスは**一度実践して終わりというものではなく、
継続していくことで大きな効果を発揮**していくものです。
はじめはなかなか芽が出なくてもあきらめずに反復し、チームに定着させながら実施していくことが重要です。

○ 「はじめの一歩」プラクティスのスプリントでの位置づけ

あらためて、第5章で学んできたプラクティスとスプリントの関係を見てみましょう（図表42-1）。

スプリントの開始時点、計画作りでタスクと状況を見える化し、チームで見積もりを行います。スプリント期間中は朝会で日々チームをアップデートさせながら、

必要に応じてペアプログラミング、ペアワークを実施しチームで課題と向き合っていきます。スプリント終了時点では作成物レビュー、そしてふりかえりを行い、次のスプリントをよりよいものにするためにアイデアを出していきます。

▶ この章で学んだレッスンのスプリント内での位置づけ 図表42-1

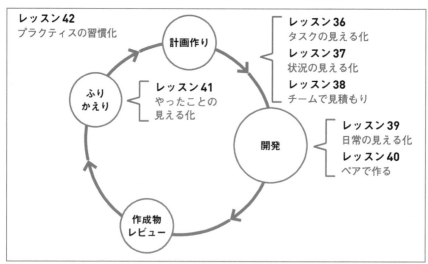

● プラクティスを継続し定着させる

ここまでに紹介したプラクティスは、アジャイル開発を実践するための手段にすぎません。手段が目的化してしまわないように気をつけることが大事ですが、まずは何度も繰り返し実践してみましょう。はじめの一歩を踏み出したけれどなかなか成果につながらない、そこで「アジャイル開発は効果がない」「自分のチームには合わない」とやめてしまう現場もあります。

こういった試練を乗り越えながら一歩を踏み出し、効果を実感し、チームのパフォーマンスを向上させていくためにはどうすればよいのでしょうか。単に見える化するだけでなく、見えるようになった課題を解決していくのです。そして、や

っていることが成果につながるよう仕向けていきます。そのためには、1人の力だけではなくチームの力を結集するための「一緒に取り組む」プラクティスが強い味方となります。

なにより大切なのは、一度効果が出なかったからといってあきらめず、継続的にプラクティスに取り組むことです。継続していくなかで、いままでとは異なるコミュニケーションがチーム内のいたるところで生まれていきます。たとえば「ふりかえり」の意識がスプリントの終わり以外でも顔を出し、朝会ごとにカイゼン案が提案されるなどです。これが習慣化です。

▶ プラクティスが習慣化していくプロセス 図表42-2

ステップ1 型どおりにプラクティスを実践	ステップ2 チームのコミュニケーションが変化	ステップ3 何度も繰り返し習慣化する

継続的にプラクティスに取り組むことが大切

> 私がはじめて「アジャイル開発が定着した」と実感したのはアジャイル開発をスタートしてから1年くらい経ってからでした。チームが自己組織化し、成果物がハイペースでリリースできるようになり、ようやく実感したのです。根気よく続けてみることが大切です。

変化を担うチェンジエージェントになる

「チェンジエージェント」という言葉を聞いたことはあるでしょうか。この言葉はその名の通り「組織に変化を起こす人」を指しています。アジャイルではない現場にアジャイル開発を持ち込み、巻き込み、変化させていくのはチェンジエージェントであるあなたの重要な使命なのです。

意気揚々とアジャイル開発を始めたものの、特定のメンバーが朝会に参加しない、ペアプロを嫌がるといった課題とぶつかることが少なくありません。このときに重要なのは「なぜわかってくれないんだ」と嘆くことではなく、その個人と対話することです。なぜ朝会やペアプロに対して消極的なのか、対話で引き出していくことがあなたの使命なのです。

また、周囲を巻き込み変化を起こしていくために大切なのは2人目、3人目の仲間です。見える化し、一緒に取り組むことでチームに小さな変化を起こし続けていくことで周囲を巻き込む引力は強くなっていきます。大多数の中間層のメンバーやうしろ向きなメンバーが、過去に自分がいた位置にいるような状態まで変化することを目指して行動していきましょう。

その昔、天照大神が岩扉に隠れてしまった際、外の祭りが楽しそうで覗き見したくなってしまうということが古書に出てきます。神話かもしれませんが、太古の昔から楽しいことは好奇心を駆り立てるのです。また、人はそれぞれ知的好奇心を持って生まれてきます。赤ちゃんは何でも口に運んでしまいますし、言葉を覚えはじめた幼児は、「あれはなぁに？」「これはなんていうの？」と質問攻めにしてくるでしょう。自分も仲間も楽しく働いている状況をアジャイルのプラクティスを工夫しながら独自にカスタマイズして創り出していきましょう。

▶ 巻き込む引力 図表42-3

チェンジエージェント
1人で行動を起こす

仲間を見つけ、小さな
変化を起こし続ける

変化が全体に広がり、
チームが変わる

Chapter

6

上手に乗りこなす
ための
カイゼン手法

本章では、さらなるレベルアップをする方法を学びます。プラクティス導入後のステップアップや、導入後の停滞感の打破やカイゼンのポイントといった、次のステージにスムーズに移行するためのテクニックを紹介します。

より上手にレベルアップする

**このレッスンの
ポイント**

この章では、アジャイル開発でさらにレベルアップするテクニックやステップアップする勘所など、拾い読みできるようにしていきます。まずは停滞感の打破やカイゼンポイントなど、陥りやすい問題に対しての対策を整理しましょう。

◯ 新たに出現し始める問題とは？

新しい開発手法に取り組むと、慣れていないだけに成果が出にくいことがあります。また、新しい技術やプラクティスを導入しようとして否定的な意見で頓挫することもあるでしょう。慣れたら慣れたでマンネリ化し、思考が停止することもあります。しかし、それらの問題を打開することが、チームの成長のためには必要です。チームでアジャイル開発を実践

していくにつれ 図表43-1 の「問題」に挙げたような無駄、マンネリ化といった問題に遭遇するでしょう。

それぞれを、「エンジニアリング編」「チーム編」「会社組織編」と位置づけて、多様なプラクティスや対策を行いながら解決し、より上手にアジャイル開発を実践できるようステップアップする方法を紹介します。

この章は、アジャイル開発は導入していないけれど朝会や見える化などを実施している人や、アジャイル開発を実施しているけれど、もっとステップアップしたいという人にもおすすめです。

カテゴリー	問題	発生している症状	対応プラクティスや対策	レッスン
エンジニアリング編①	繰り返しの無駄の温床	手作業の繰り返しだらけで面倒くささを感じている	・継続的インテグレーション ・バージョン管理	44
エンジニアリング編②		テストや不具合の修正のたびに繰り返される作業に疲弊している	・テスト駆動開発	45
チーム編①	マンネリ化問題や成果の停滞感	開催することだけが目的になっていて、ふりかえりが機能していない	・朝会のカイゼン ・ふりかえりのカイゼン	46
チーム編②		何でも見える化してしまったので、散乱しノイズだらけになってしまった	・見える化のカイゼン	47
チーム編③		付箋紙が氾濫し始めていたり、未完成物ばかりで成果の停滞を感じている	・カンバン ・モブプログラミング ・プロダクトバックログリファインメント	48
会社組織編①	日本の現場のしがらみ	契約が仕様変更を拒み、無駄なプロダクトを作らざるを得ない	・準委任契約 ・余白の戦略 ・スプリント強度を高める戦術	49
会社組織編②		現場の状況にあったプラクティスがなかったり、既存のプラクティスを窮屈に感じ始めている	・パターン ・7つのP	50
会社組織編③		階層構造の組織にアジャイル開発を広められない	・小さく始める ・問題に焦点をおく	51

Chapter 6 上手に乗りこなすためのカイゼン手法

現場の課題に沿ったレッスンを辞書代わりに使って、課題を解決していきましょう。全部を適用してもよいですし、組み合わせて使ってもよいのです。

👍 ワンポイント　失敗や停滞はよい情報

失敗や停滞があるということは、まだ伸びしろがあるという証です。カイゼンするためのコンセプトを押さえておけば、解決策のアイデアの可能性は広がります。各レッスンの解決策からひらめきが生まれるでしょう。そのひらめきこそが、皆さんの知恵なのです。

すべての問題を解決できる魔法は存在しません。しかし、問題を先送りせずに向き合い続ければ、確実に上達しレベルアップできます。失敗を学びに変えることで人もチームも成長できます。アジャイル開発上達への道は、たゆまぬカイゼンが必要なのです。

[継続的インテグレーション、バージョン管理]

流れるように自動化するには

このレッスンの
ポイント

> このレッスンでは<u>自動化</u>したいときに活用できるプラクティスを紹介します。これによりリリース時の失敗を犯せない緊迫した状況においての精神的な負担や、繰り返しの無駄を減らせます。

○ リリース前の問題発覚やトラブルを避けたい

ソフトウェアをリリースするときに必ず行う作業が「統合」（インテグレーション）です。これは、ソフトウェアを動作させるために必要なプログラムや、設定ファイル、データ、ライブラリなどをすべて集めて、まとめる作業のことをいいます。ソフトウェアは一度リリースして終わりではなく、何度もバージョンアップを繰り返すもののほうが多いでしょう。そして、バージョンアップのリリースは、前工程の遅れのしわ寄せで時間がなかったり、

緊迫した状況で高いプレッシャーにさらされながら統合を行っているケースが多々あります。リリースのたびに、コードやデータを変更したことによる副作用、設定の変更周知不足、人的操作ミスや伝達ミスなど、予期しない問題が発生するものです。

リリース直前のこういった状況を避けるために、常にリリース可能な状態に整備しておくプラクティスがあります。それが「継続的インテグレーション」です。

> 繰り返し作業が3回以上あれば、継続的インテグレーションの導入で自動化を検討しましょう。導入にかかる時間よりも、自動化による時間削減の恩恵を受けられるはずです。

◯ 継続的インテグレーションとは

継続的インテグレーションとは、テストやビルド、配備のタスクを流れるように自動化しておく仕組みのことです（図表44-1）。

リリースまでの工程は、プロダクトやサービスにより変わりますが、図表44-2のような流れになります。継続的インテグレーションではこれらの工程を自動化します。統合途中で不具合が発生した場合には、中断された箇所をメールやチャットツールで通知が来るように設定可能です。継続的インテグレーションのツールやサービスとしては、JenkinsやTravis CI、Circle CIが有名です。

継続的インテグレーションはリリースだけではなく、手作業で行っている定型作業にも適用可能です。レッスン45で取り上げる「テストの自動化ツール」としても活用できます。

▶ 継続的インテグレーションの概要 図表44-1

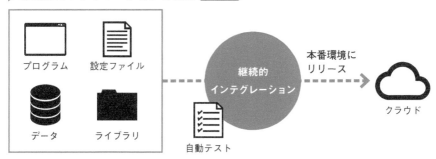

リリースできる状態を常に作っておくための仕組みが継続的インテグレーション

▶ リリース工程の例 図表44-2

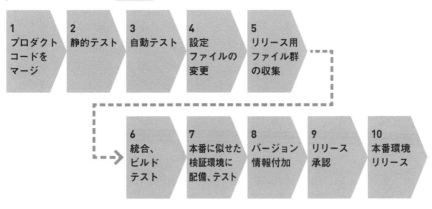

このようなリリースまでの工程を継続的インテグレーションで自動化する

◯ 何からとりかかればよいのか？

継続的インテグレーションを行っていない段階では、リリース工程や作業手順は、ドキュメントや作業者の頭のなかにしかない状態です。それでは何から手をつけてよいかわかりません。そのため、現状のリリース工程の洗い出しから行いましょう。

洗い出した工程のなかで高い集中力が必要な箇所を自動化することで、ミスしたときの手戻りを減らせ、精神的にも楽になります。たとえば、本番環境にリリースする工程などです。もしくは高頻度で実施していて面倒と思っているテストを自動化するところから始めてみるのも手

です。頻度が高ければ高いほど、自動化の恩恵が受けられます。

そして継続的インテグレーションのためには、テストコードによる自動テスト（レッスン45参照）や、ソースコードなどのファイルを共同所有し変更履歴を管理できる「バージョン管理システム」も必要となります。誰が作成や変更を行ったのかを確認したり、過去の状態に戻したりできます。バージョン管理システムを導入すれば、頻繁な統合も可能となり、安定した品質を継続的にリリースできるようになります。

◯ バージョン管理システムが自動化を後押しする

ソースコードは、個人のパソコンではなく、バージョン管理システムに保管します。そうすることで、ファイル名に日付を入れたり、ZIPファイルにしたりして管理する必要がなくなります。履歴管理はバージョン管理システムがすべて担ってくれるのです。変更前の状態に復元する機能や、複数人が同じファイルを編集した際に最新状態がわからなくなることを解決する仕組みなどもあります。また、ソースコードをチームで共同所有でき、誰でも修正やビルドができるようになります。

それは、すべてのソースコードに対する責任をチーム全員が担うことを意味します。

そして、バージョン管理システムで一元管理できていれば、継続的インテグレーションツールからも、常に最新のソースコードを読み込めるようになります。ソースコードに変更があるたびにテストやビルドが開始するように設定できるので、統合の自動化も促進されるというわけです。

バージョン管理システムを利用することで、人手を割くことなく、頻繁に統合させる運用プロセスに変更できます。その結果、品質も安定します。このあと詳しく説明しましょう。

◯ 不具合をすばやく発見できる

多数の変更が同時に発生した場合など、統合した際に問題が起こることがあります。こういう場合、原因の切り分けが難しく、修正に多大な時間が必要です。原因が相互に依存している場合や、ほかの部分へ悪影響を及ぼす場合、その修正にさらなる期間が必要なケースも出てきます。

これを防ぐため、図表44-3 のように発想を転換しましょう。リリースはせずとも、高頻度に統合を実施するのです。そのためには、ソースコードを変更するたびに小さい単位でバージョン管理システムに保存します。1箇所を変更した際にビルドが失敗すれば原因追求はいたって容易になるわけです。問題を早い段階であぶり出して、すばやいフィードバックで修正できます。数分を越えない範囲でビルド結果やテスト結果が返ってくれば、気軽に統合してみようと思えるものです。

▶ 頻繁に統合することの効果 図表44-3

頻繁に統合する
- 開発期間が短くなる
- 開発範囲が狭まる
- 不具合が発見しやすい
- 原因発覚までの時間短縮

効果

- 機能開発に多くの時間を投入できる
- 開発期間中のバグ対応の時間を短縮できる
- 安定した品質を継続的にリリースできる

常時、継続的インテグレーションの恩恵を最大限活用できる環境を作り出しましょう。リリースの必要性はなくても、常に小さく結合することですばやく問題を発見できます。常にリリース可能な状態に備えておくことがポイントです。

Lesson ［テスト駆動開発］
45
エンジニアリングでテストの無駄を解消する

**このレッスンの
ポイント**

機能の追加や不具合の発生でソフトウェアの更新は何度も発生します。そのたびに行わなければならない**目視による動作確認**や、修正後の影響範囲への考慮などを**解消**するプラクティスを学びます。

○ 意図した動作かどうかの確認を自動化する

レッスン44で触れたように、ソフトウェアは一度書いたら二度と修正しなくてよいということはほとんどありません。そしてプログラムを変更するとその動作が期待どおりか確認する必要があります。変更のたびにほかの箇所に影響はないか、不具合がさらに悪化しないかと、人手で広範囲に何度も確認していると、時間を浪費し、気持ちも疲弊します。

この問題を回避するため、確認作業の自動化を支え、問題があったら知らせてくれる仕組みがあります。それが「テスト駆動開発」（TDD：Test-Driven Development）です（図表45-1）。

▶ テスト駆動開発の役割 図表45-1

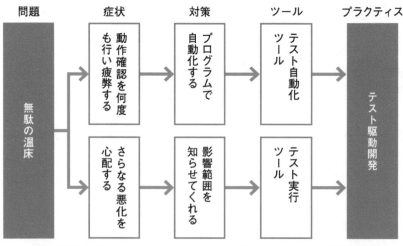

ソフトウェア開発の問題から生じる2つの症状のどちらも解消するのがテスト駆動開発

○ テスト駆動開発とは？

まず「テスト」とは何かを説明しておき
ましょう。テストとは、顧客がソフトウ
ェアを利用する際に不具合が発生しない
ように、プログラムが意図した通りに動
いているかを開発段階で確認する作業の
ことをいいます。

そして「テスト駆動開発」とは、製品の
コード（プロダクトコード）よりも先に

テストするための専用のコード（テスト
コード）を書く開発手法のことです。異
常を検知してくれるテスト実行ツールと
テストを自動化するツール（レッスン44
参照）を使って実現させます。テストコ
ードを軸にして、製品の開発を駆動させ
るので「テスト駆動開発」と呼ばれてい
ます。

○ テスト駆動開発のメリット

テスト駆動開発によって、プログラムが
意図した通りに動いているかを先に確定
させられ、保守や拡張が楽になります

（図表45-2）。その仕組みを次の項で見て
いきましょう。

▶ テスト駆動開発により保守や拡張が楽になる 図表45-2

- ・自動実行可能
- ・不具合の再発を低下
- ・品質の安定、人手による網羅的に確認していた時間の削減
- ・過度の集中力を要するストレスも削減

👍ワンポイント リファクタリングとは？

テスト駆動開発の重要な概念の1つに
リファクタリングがあります。

リファクタリングとは、プログラムの
外部から見た振る舞いや動作に影響が
ないように、内部構造を修正する作業
のことをいいます。

プロダクトコードを修正したときに、
外部から見た振る舞い方が異なった場
合には、テストコードが失敗して、不
適切な修正であると知らせてくれるの
です。この恩恵により、気軽にプロダ

クトコードを変更できます。

一度書いたら半永久的に動作し続ける
プロダクトコードのほうが少なくなっ
ていく世の中です。消費税や業界の制
度、動作する媒体やOSが変化するたび
に、ソフトウェアも追従していかなけ
ればなりません。テスト駆動開発のテ
ストコードがプロダクトコードの修正
作業に安心を与えて、品質を安定させ
てくれるのです。

● テスト駆動開発を支えるテスト専用のプログラム

テスト駆動開発の肝であるテストコードをもう少し詳しく説明しましょう（図表45-3）。テストコードは、プロダクトコードを実行した際に「振る舞いが正しいか」「不正な入力をエラーと判定しているか」をテストします。これらの振る舞いや判定基準はプロダクトコードの仕様の代わりになります。プログラマーが事前にテストコードを書くことで仕様が明確になり、プロダクトコードを書く際に、仕様で悩むことが減ります。

また、テスト実行ツールのなかでテストコードを動かすことで、異常を検知できます。さらに、テストがプログラムとして書かれていることで、自動化ツールで自動実行できるようになります。自動化しなければ人間がそのつど検査する必要があり、時間がかかってしまうので、その効果は絶大です。

開発後、ソフトウェアの変更が発生した場合には、テストコードがプロダクトコードの振る舞いを担保してくれるので、気軽にプロダクトコードに変更を加えていけるメリットもあります。

▶ テストコードとプロダクトコードとテスト実行ツールの関係　図表45-3

テストツール：異常を検知

テストコード：
検査するための専用プログラム

 プロダクトコードに実装した
振る舞いが正しいか？

 不正な入力があった場合
エラーと判定しているか？

プロダクトコード：
製品自体のプログラム

テスト →

テストコードは、プロダクトコードの動作の仕様代わりとなる

網羅的にプロダクトコードのすべてにテストコードを実装することは、労力的に難しいでしょう。まずは、エラーが発生した際に影響範囲が広い箇所など、リスクが高いところを取捨選択するようにしましょう。

● テスト駆動開発を導入する際こんな問題に遭遇したら

既存の製品にテストの自動化環境が整っていることは稀でしょう。そこでここでは、テスト駆動開発を既存の製品に適用する場合に発生する問題と対策を整理しました。図表45-4 のように一歩ずつ進めていきましょう。

もしかしたら、運用中のプログラムを変更してはいけないという価値観が強く働くかもしれません。過去に、プログラムを変更したことによりトラブルを誘発し、想定外の対応業務をした苦い経験があればなおさらでしょう。しかし競合に追従したり、税制や業界の規則改正によっても変更は常に発生するものです。こういった変化に合わせて容易に修正できるように、小さな範囲からでもよいので、テスト駆動開発を導入してみましょう。

▶ テスト駆動開発を導入する際に発生する問題と対策 図表45-4

問題	対策
そもそもテストコードを書く時間を捻出できない	時間がないからテストコードを書けないのではなく、テストコードを書かないから時間がない。プロダクトコードを新規にタイピングしているよりも、誰かが書いた過去のコードに対峙して、不具合の修正に多くの時間を割いているのが現状。よって、先行投資でテストコードを作成するために、事前にカレンダー上に時間を確保してしまう。この図のように不具合発覚からのさまよう時間を先行投資により除々に削減させながら、時間を捻出する **テストコードがない** 不具合発覚　人が検出　修正　リリース　時間 **テストコードがある** テストコード作成　不具合発覚　テストコードが検出　修正　リリース　時間
既存の製品にテストコードが1行もない	まずは、新機能の追加の際か、不具合が発生した箇所からテストコードを追加していく。新機能も不具合修正箇所も、ほかの箇所に影響を与えていて、すぐに不具合が発生するかもしれない。追加した箇所にはテストコードという担保がすでにあるため、安心して手を入れられる
あとからテストコードを追加しようとすると書きづらい	既存のプロダクトコードにあとからテストコードを追加しようとした際に、何の処理を目的にしたプロダクトコードかわからず書きづらいことがある。それは処理をひとまとめにしたはずのメソッドが、肥大化して複数の役割が混在している証。1つの役割を持つように小さく分割することで、テストコードも書きやすくなる

46

チームの活動が
形骸化し始めたら ？

**このレッスンの
ポイント**

朝会やふりかえりで、チームの活動の目的を忘れかけ、時間がただ過ぎていくように感じたり、ほかのメンバーの発言に無関心になったり、次の行動につながらなくなったりしたら悪い兆候です。対処する方法を学びましょう。

◯ 開催することだけが目的になっている症状とは

はじめの一歩から数か月経つと、朝会が、「決まった時間に集まるだけのセレモニー」に陥っていると感じることが増えていくでしょう。時間の無駄に思えたり、ほかの人の発言に関心がわかなかったり、参加することを億劫に感じたりしたら悪い兆しです。

たとえば「問題ありません」という発言が頻発したら要注意です。この発言の裏には、問題の解決を諦めていたり、そもそも問題に気づいていなかったりするケースが隠れていると考え、このレッスンで紹介する対策を打ちましょう。

そしてふりかえりの「あるある」は、犯人捜しの反省会に陥ってしまうことです。次のアクションプランに向かうべきところ、被害意識を持ってしまうと、日常業務や緊急対応を言い訳に、行動がうしろ向きになりがちです。さらには、アクションプランが捗っていないことへの無力感から悪循環に入ってしまうかもしれません。ふりかえりでは他者の気づきからよいところをさらに伸ばしましょう。

図表46-1 のような症状に対処するための方法を、次の項で詳しく説明していきます。

▶ 形骸化問題の症状 図表46-1

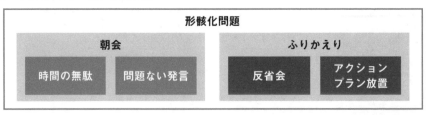

朝会、ふりかえりで、「時間の無駄」と感じるようになったり、単なる「反省会」のようになったりしたら形骸化の証

● 朝会で時間の無駄を感じたら？

朝会の議題が自分の関心事ではない場合、時間の無駄を感じるでしょう。これを防ぐには、チームの関心事だけを発言するようにして、特定のメンバーへの連絡や報告は禁止してみましょう。また、既定の時間よりも短くして、相談や問題解決、意思決定は朝会終了後に関係者だけで二次会として実施するのも対策の1つです。たとえば、チームのゴール達成を拒んでいる懸念事項など、全員が知らなければならないことだけを朝会で共有し、単なるお知らせ事項は、チャットツールで済ませましょう。このように話す内容を絞ることで、朝会を集中可能な時間に収められます。また、相談は「プチ相談ボード」を用意しておき、相談したいキーワードと相談相手を記載しておくことで、時間を有効に使えます。

● 朝会で「問題ありません」発言が頻発したら？

第5章で少し紹介しましたが、進捗遅れがあるのにも関わらず「問題ありません」発言が目立っていたら、「困っていること」から「モヤモヤと違和感を感じていること」にルールを変えましょう。こうすることでメンバーが問題を共有するのに感じているハードルを下げられます。

また、個人レベルの失敗を共有することは、チームで成果を出すための成長と前進のきっかけです。朝会で明らかにされる問題は、ほかのメンバーが同じ失敗をしないための「学びのきっかけ」であることを強調するためにも、マネージャーなどから積極的に行うとよいでしょう。

ほかの方法として、図表46-2のように5本の指（ファイブフィンガー）を使って進捗状況を発言できる環境作りも対策の1つになります。たとえば「月曜からとりかかっているスプリントゴールの達成度合いは、5本の指で表現するといくつでしょうか？」と数字の大きさで表明してもらいましょう。「問題ありません」と発言していたメンバーも、数字の理由を聞くことで状況を発言しやすくなります。

朝会は前進するきっかけなのです。朝会の後、問題が小さいうちに課題解決や意思決定し、進捗を妨げるものを除去していけばチームのパフォーマンスは上がっていきます。

▶ ファイブフィンガーで表明 図表46-2

| とってもうまくやれている | うまくやれている感触あり | 可もなく不可もなく | 失敗の気配を感じる | ぜんぜんダメで絶望的 |

● ふりかえりの場が暗くなる反省会に陥ったら？

問題や課題などの負の側面にフォーカスを当てずに、よいことをさらによくするふりかえり方法をためしてみましょう。

まずは「YWT」です。「やったこと（Y）」「わかったこと（W）」「次にやること（T）」の頭文字をとったふりかえり方法です。レッスン41で紹介したKPTと同じようにメンバーで行います。わかったことという気づきをベースにして、次にやることを明確できるプラクティスです。「気づいた学びを次に活かす」という流れが成長を促進し、KPTとは異なる効果を発揮するでしょう。

次は「Fun! Done! Learn!」です。「Fun!（楽しかったこと）」「Done!（やったこと）」「Learn!（学んだこと）」で区分したふりかえりです。これら3つの円を 図表46-3 の右図のように重ね合わせ、実施したことが「やっただけ」なのか、「楽しさも同居していた」のか、さらには「学びもあった」のかを貼り出していきます。ふりかえったことがらに対して楽しさをイメージするため、記憶に残りやすい成功体験の学びになるでしょう。

KPTではカイゼン策に、YWTは気づきに、Fun! Done! Learn!は楽しかった学びに、関心事のフォーカスが当たります。

このような特徴を踏まえ、ふりかえりを使い分けましょう。たとえば、スプリント期間中の会話でカイゼン案の発言が多かったらKPTで、実験段階で学びが多かったらYWTで、リリース直後で達成感が高かったらFun! Done! Learn!と、状況に合わせて実施してもよいでしょう。3種類のふりかえりを定期的に変えたり、状況によって使い分けることで、形骸化を打破できます。

▶ **YWTとFun! Done! Learn** 図表46-3

YWT

	Y	W	T
1回目 （1月10日）			
2回目 （1月17日）			
3回目 （1月24日）			
4回目 （1月31日）			

1回目の「次にやること（T）」を、2回目の「やったこと（Y）」に移動していく。そこから「わかったこと（W）」→「次にやること（T）」のように学びが明確になっていく

Fun! Done! Learn!

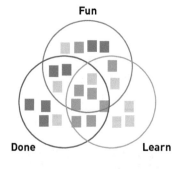

楽しかったこと、やったこと、学んだことそれぞれを重ね合わせることで、やっただけか、楽しさもあったのか、学びもあったのかを明確にする

● 前回のふりかえりのアクションプランが放置され続けたら？

アクションプランの進捗がないことでふりかえり自体の無力感を感じたら、マンネリ化している証です。図表46-4のようにKPTで「ふりかえりのふりかえり」を実施してみましょう。ふりかえる方法自体をカイゼンして、よりよいふりかえりを実施できるように全員で考えます。ふりかえりの手順や時間配分などの運営方法に関して見直すわけです。

たとえば出てきたTRYをすべて次の期間で実施するのではなく、1つに絞ります。そのうえで、そのTRYを30分くらいで実施できるようなアクションプランに分解します。1つのTRYを確実に実施することで、チームとしての成功体験を積め、成長につながります。

▶ **KPTでふりかえりのふりかえり** 図表46-4

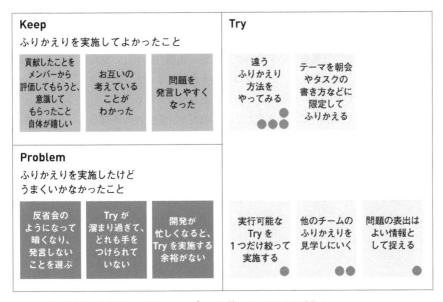

Tryのなかから確実に実施できるアクションプランに絞ってふりかえりを行う

一過性のカイゼン活動ではなく、小さな変化を継続して続けられる習慣にしましょう。

47 [チーム② 見える化のステップアップ]
散乱した見える化を棚卸しする

**このレッスンの
ポイント**

タスクボードやふりかえりボードなど、さまざまな取り組みが壁やホワイトボードを埋め尽くしているでしょう。<u>棚卸しやカイゼンを試みないと単なる雑音</u>にしかなりません。カイゼンポイントを習得しステップアップしましょう。

⭕ 何でも見える化したら雑音だらけになってしまった

ホワイトボードや付箋紙などのアナログの部材を使って、ふりかえりやバックログのタスク起こしをしていると、いたるところが付箋紙で覆われてしまうことでしょう。放置されてしまったボードなども存在し、見える化すればするほど、本当に見なくてはいけないものが埋もれてしまいます。つまり、その時点では不必要な情報（雑音）が増加してしまうということです。<u>定期的に棚卸しをして雑音を減らしましょう。</u>

ただし、透明性のかけらもなかったオフィスに、見える化の場ができあがっていったのは大きな成果です。よって反省しすぎることはありません。そのチャレンジした活動はとてもよいことなのです。

👍ワンポイント 新メンバーがきっかけを作る

新入社員や中途採用のメンバーがチームに配属になったときが、棚卸しの最適なタイミングです。既存メンバーがボードについて説明できなかったり、そもそも使っていなかったりするのは、ボードが無用の長物になっている証です。また、内容を含めて古くなったと感じたら更新すべきです。情報伝達やボードの使い方も含め再構築しましょう。新メンバーのちょっとした疑問から派生したカイゼン活動によって、課題になっていたことや経緯を共有でき、チームビルディングをしていることにもなるのです。

問題になっているものから見える化する

まずは、「問題にフォーカス」「不都合な真実は捨てちゃダメ」「継続的に向き合うことが大事」のように、棚卸しする際の基準を作りましょう。何でもかんでも見える化するのではなく、問題になっていることを見える化するのです。

たとえば、リリース時に毎回バタバタするのであれば、リリースの期日を見える化するリリース計画ボードを、メンバーが集まる重要な場所に配置しましょう。また、誰がどんなタスクを実施しているのかがわからなければ、タスクボードは必須になるでしょう。ほかの例として、日々のプロセスのカイゼンが捗らないよ

うであれば、ふりかえりから得られたアクションプランをバックログに移して日々確認するというのも1つの策です。

実際に発生した事例も紹介しましょう。年度末に実施したふりかえりで、年末商戦にまつわるアクションプランが出てきました。しかし次にこのアクションプランを実施できるのは1年後になります。そんな場合には「長期保管TRYボード」を作成して倉庫に一次退避してししします。こうすることで壁やホワイトボードに真っ白なスペースが生まれ雑音を減らせます。

四半期ごとに棚卸ししてみよう

棚卸しして情報や状況が古くなっているのであればメンテナンスの時期です。無理せず捨ててしまいましょう。

実際にあったケースですが、背景や文脈をまったく把握していない新入社員から「アナログのタスクボードは手書きで面倒なので1回やめてみませんか？」と素朴な発言がありました。既存のチームメンバーも形骸化していると感じていたのでしょう。ホワイトボードで管理していたタスクボードを全部消してしまいました。2週間後のふりかえりで、朝会でタスクを思い出すのに時間がかかったり、タスクを実施することを忘れて顧客から

苦情が届いていたりしたことが発覚しました。新入社員を含めチームメンバー全員が再度アナログのタスクボードの必要性を再認識したのです。

本当に必要であれば、ムダなものが削ぎ落とされ洗練されてタスクボードが蘇ってきます。そうしないと業務が滞ってしまうからで、アジャイル開発の見える化が文化としてチームに浸透しているレベルに達しているという証ともいえます。確実にチームのレベルが上っています。

週次や月次で使っているボードなど、利用頻度を明確にし必要なタイミングで倉庫から持ち出すのもよいでしょう。

[チーム③ カンバン、モブプログラミング]

成果の停滞感に直面したら？

このレッスンの
ポイント

短いサイクルで開発工程を回すと成果を確認する頻度も高いため、成果の鈍化も頻繁に露呈します。このレッスンでは成果を出すまでのスピードを上げること、役割を越えて一緒に作ることで<u>停滞感を打破する方法</u>を学びます。

◯ 成果の停滞感に直面したら速度かゴールに着目する

アジャイル開発のリズムに慣れてきたころ、成果に対する停滞感が顔を見せはじめます。 図表48-1 のような症状はチームメンバーの心理にも影響します。タスクをこなすだけの多忙な状況のなか、このまま開発を進めたとしても「間違った方向に開発を進めてしまうのではないか」「抜け漏れや手戻りが多大に発生してしまうのではないか」と疑ってしまうこともあるでしょう。不安が開発スピードや

生産性にも悪影響をおよぼし、さらなる停滞感を助長します。

これらの成果の停滞感を感じたときの対策が2つあります（ 図表48-2 ）。1つ目は、完成までの流れのスピードを上げて成果が出ている事実を作ること、2つ目は曖昧なまま開発作業を始めず、チームの知見を活用し、役割を越えて一緒に考えて、明確なゴールに向かって作ることです。

▶ 成果停滞感の症状 図表48-1

タスクが細かすぎてタスクボードが付箋紙で溢れかえる	**タスクが大きすぎて何日も付箋紙が動かない**	**曖昧なプロダクトバックログで開発着手できない**

これらの症状が現れたら停滞している証

これらに最適な「カンバン」「モブプログラミング」「プロダクトオーナー支援」といった解決策を説明していきます。

▶ 成果停滞感の解決策 図表48-2

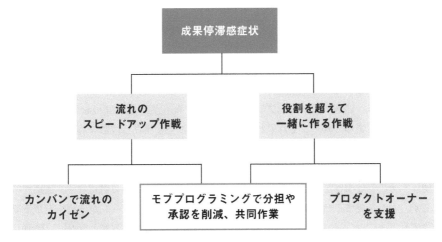

停滞感は、スピードアップと役割を超えた作業で打破する

> このレッスンで取り上げているプラクティスは開発業務以外にも活用できます。仕事の手戻りが頻発している場合にはカスタマイズして試してみましょう。

👍 ワンポイント　停滞感の兆候はゴールを見失っているから

作業を繰り返しているだけの感覚にとらわれていたり、個別の機能をただ作っていることの積み重ねの日々だったり、顧客価値が見いだせていないと感じたりしたら、危険な兆候です。たとえば、チーム内の発言で「この機能を作ればいいんですよね」や「方針が決まってないからバックログが完成できませんでした」などがその代表例です。ゴールを見失っている前触れかもしれ

ません。
スプリントにもゴールが存在していましたね。レッスン33で紹介したスプリントのゴールです。スプリント期間中もそのつどスプリントのゴールを確認しながら作業を実施しましょう。経験上、スプリントのゴールを上手に活用しているチームは少ないので、メンバーがスラスラと発言できるかは、アジャイル開発の成熟度の指標になります。

● カンバンで流れを速くする

「カンバン」とは、図表48-3のように一連の業務プロセスをそのままレーンとして見える化し、仕事の流れを全員で管理するプラクティスです。図表48-4のような特徴があり、顧客要望が開発プロセスのどの段階にあるのかや、それぞれのプロセス内におけるタスクの状態もレーンを使って管理します。図表48-5のような例は、そこで仕事が滞っているシグナルです。流れを詰まらせないためにどう解決すればよいかをチームでカイゼンしていきます。流れを速くするには、仕掛かり中の仕事の数を減らすことが第一です。

中途半端な完成状態をいくつも抱えるよりも、1つずつ終わらせることに集中しましょう。複数のタスクに同時に着手すると、仕事の切り替え時間がかかってしまうからです。図表48-6のように同時に作業してもよい仕掛かり件数を判断し、タスクの量を管理します。究極は1つずつ仕事を仕上げていく「1個流し」です。これ以上の最小の仕掛り数はなく、低調だった価値提供のスピードが一気に上がるでしょう。効果があるかどうかは、計測しながら判断しましょう。

▶ カンバンの例 図表48-3

ホワイトボードや模造紙などを使ってプロセスをレーンで表し、優先順位ごとにタスクを分けて見える化する

▶ カンバンのメリット 図表48-4

・優先順に顧客到達までの進捗状況を把握しやすい
・自分のタスクだけでなく全員で全タスクに着目しやすい
・流れを速くすることにチーム全員の関心が向かい、ボト
　ルネックを発見しやすい
・前工程や後工程を全員で意識して、全体を最適化するカ
　イゼンを生み出しやすい

▶ 停滞のシグナル 図表48-5

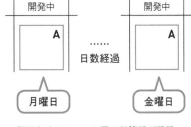

レーンが付箋紙で溢れかえって
いる状態

何日もそのレーンに同じ付箋紙が滞留

▶ 同時作業仕掛り数の計測と判断 図表48-6

計算式：

| プロセスを一巡して仕事が完了するまでの時間 | ÷ | タスク数 |

ケース	計算式	1タスクあたりの時間	
同時に3つの仕事に取り掛かり完了するのに8時間	8時間÷3タスク	2.7時間	
同時に2つの仕事に取り掛かり完了するのに3時間	3時間÷2タスク	1.5時間	◀ 効率的
1つの仕事にのみ取り掛かり完了するのに2時間	2時間÷1タスク	2時間	

かかる時間をタスク数で除算して、タスクあたりの時間を算出

◯ モブプログラミングで分担や承認プロセスを削減

モブプログラミングとは、第5章のレッスン40のペアプログラミングを複数人に拡大し、能力を結集させることによって生産性を向上させるプラクティスです。「プログラミング」という名前がついていますが、プログラマーだけでなく、デザイナーやプロダクトオーナーと一緒に実施します。1つの画面と1つのパソコンを使って、1人だけがタイピストになりパソコンを操作できます。ほかのメンバーは「その他のモブ」と呼ばれ、頭脳となり、タイピストに指示を出す役割です。チーム全員で1つの業務をしているようなものと考えましょう。業務の背景や意図を全員と雑談しながら作業を進められるので、属人化の解消や新人の育成が期待できます。また、多くの目で随時チェックしているので、不注意や軽率なミスが激減します。

モブプログラミングのメリットは、チームメンバーが全員同席しているため、**図表48-8**のように確認依頼や承認などの待ち時間が、ほぼ発生しないことにあります。作業が主な工程となるためプロセスの一巡が一気に早まり、顧客への価値提供のスピードが格段に向上します。

また、役割を越えてプロダクトオーナーと一緒に実施することで、フィードバックを即時に得られるので手戻りや承認待ち時間を激減できます。スピードと明確なゴールの両面から成果を出していけるプラクティスなのです。

▶ モブプログラミングのイメージ **図表48-7**

モニター

1人がパソコンを操作し、ほかのメンバーは画面を見ながら指示を出す

👍 ワンポイント　小さく始める

属人化やメンバーの育成は多くの組織で課題になっていることでしょう。すべての業務をモブプログラミングでする必要はありません。適用分野、参加メンバー、適用範囲、実施時間など、負担にならない範囲で小さく始めてみましょう。チームで一緒に働くことで、特定のメンバーに依存しない開発ができるようになるでしょう。

もし、モブプログラミングで不協和音が生まれるのであれば、チームとして成熟していない証です。その場合はチームビルディングなどのプラクティスを実施する絶好の機会です。

作業を分担するケース

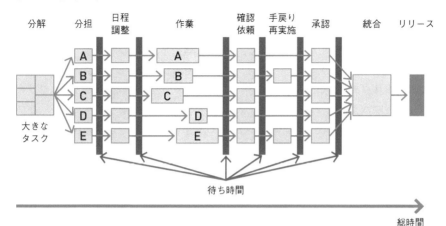

全員で作業するケース

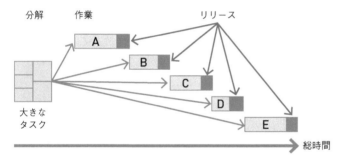

作業を分担して1人1人が行うのに比べて、確認や手戻りなどの工程がなくなる分、全員で作業したほうがリリースまでの時間が短縮できる

モブプログラミングの概念をほかの業務に活用した「モブワーク」を試してみましょう。ネットワークの緊急トラブル発生時や、出退勤管理のような社内システムの刷新の際の習得などに適用できます。

● プロダクトオーナーと一緒に考える

さて、モブプログラミングをプロダクトオーナーと一緒にやると効率が上がりそうだと感じませんでしたか？ その考えをほかにも適用しましょう。

プロダクトオーナーが知識も経験も足りなくて、曖昧なままのプロダクトバックログしかできず、その状態で開発しなければならない場合、間違った製品を作ってしまう可能性が大いにあります。

アジャイル開発では対話しながら一緒に考える時間を重視しているので、プロダクトオーナーは開発チームを巻き込みながら、ともにプロダクトバックログをメンテナンスしていきます。スプリント期間中に、開発チームの時間を使いながらメンテナンスする活動を「プロダクトバックログリファインメント」といいます。

大きなプロダクトバックログ項目の内容を詳細に把握する過程で、受け入れ条件を明確にしたり、プロダクトバックログ項目を分割したりします。そして「プロダクトバックログ開発可能チェックリスト」（図表48-9）を潰しながら、曖昧なプロダクトバックログ項目の状態から開発着手可能なレベルに近づけます。

プロダクトオーナーと開発チームが一緒に実施することで、開発チームの技術的な視点や全体を俯瞰したシステムの構築スキルで、抜け漏れや曖昧性を減らせます。そして手戻りが少なく必要な機能を必要なだけ作ることが可能となります。要望どおりの製品を作れているかどうかの不安や停滞感を打破してくれるわけです。

▶ **プロダクトバックログ開発可能チェックリスト** 図表48-9

> ☐ スプリント内で開発着手するのに具体的な情報が存在している
> ☐ 最終顧客に価値があるという根拠や仮説がある
> ☐ 優先順位で並び替えられている
> ☐ チームにとってスプリントで開発可能な大きさに適切に分解されている
> ☐ 見積もられている
> ☐ テスト可能な受け入れ条件がある
> ☐ 開発チームの能力で開発可能な品質基準である

プロダクトオーナーと開発条件などを共有するために、このようなチェックリストを潰してプロダクトバックログをメンテナンスする

● 全員でやったら時間が無駄なんじゃないの？

ここまでの説明で疑問に感じることがあるでしょう。「1人でもできることを全員で実施したら、手持ち無沙汰や空き時間ばかりで無駄なのではないか」と思うことです。まず前提としては、図表48-10のように、はじめからプラクティスをすべての業務に導入する必要はないのです。局所的にメリットを享受することでもよいのです。

このレッスンで紹介したプラクティスは、隙間時間があって時間を無駄にしているのではないかということを懸念するよりも、価値が早く顧客の手に届く流れの効率を大切にしています。人がフル稼働していることよりも、開発された成果物が重要なのです。小さい機能ごとでもリリースすることによって顧客が利用可能になります。使われてはじめて価値が生まれるのです。

また、一緒に仕事することで、顧客価値を意識して共通理解のもとスプリントゴールに向かう狙いもあります。後から発生するかもしれない手戻りの無駄を事前に削減できるわけです。結果的に、育成する時間を別途取らなくて済んだり、手直し時間も大幅カットできたりするのです。

▶ プラクティスのメリットを局所的に享受する 図表48-10

- 自信がなく不安に思っている業務で、1個流しを一通り体験してみる
- 属人化を解消したい業務でモブワークを実施してみる
- プロダクトバックログリファインメントの概念を使って新配属メンバーと一緒に業務のタスクを分解をしてみる
- 承認プロセスを削減し成果達成までの時間短縮のためだけにカンバンやモブワークを実施する
- モブワークやプロダクトオーナー支援で、抜け漏れを事前防止して再作業のコストを削減するためにプラクティスを用いる
- メンバーの育成目的で3つのプラクティスを随所で導入してみる

プラクティスはここに挙げたように、局所的に小さな範囲で実施してもよい

49

契約ってどうするの

**このレッスンの
ポイント**

不確実な状況のなか、仕様が確定しないまま合意形成を厳守して製品を作ることは、受託開発では顧客側も開発側も難儀を極めるでしょう。<u>契約</u>が顧客価値を基準にしたアジャイル開発の妨げにならない術を学びましょう。

○ 契約が仕様変更を拒み無駄なプロダクトを開発してしまう

<u>不確実性が存在する状況では、作る製品の仕様変更が必ずといってよいほど発生します</u>が、それでも最初に契約で決めた仕様通りに計画重視で作らざるを得ないという状況が多々あります。そんな制約のなかでは、開発の過程で得られた発見を仕様に活かせないばかりか、ニーズがないことが判明しても、無意味さを感じたまま開発を続けなければならないでしょう。契約が仕様変更を拒む要因になり、

無駄な製品を生み出さなくてはならない状況は避けたいものです。

最初に決めた仕様どおりに「作ることだけ」がゴールになってしまい、よりよい価値を提供することを忘れてしまっては本末転倒です。依頼側も開発側も、現場で使われない製品を作るための無駄な時間や費用を削減したいことでしょう。そのためにもまずは、業務委託契約の種類を整理しておきましょう（**図表49-1**）。

▶ **2つの業務委託契約** **図表49-1**

請負契約

開発側は成果物の完成責任を負い、
成果物に対して報酬が発生する

準委任契約

開発側は業務を誠実に実行する
義務を負い、業務に対して報酬
が発生する

● 準委任契約がアジャイル開発にはおすすめ

図表49-1 のように、業務委託契約には「請負契約」と「準委任契約」の2種類があります。大きな違いは受注者が負う責任の範囲です。具体的には請負契約は成果物の完成に対して責任を負い、準委任契約は業務に対して責任を負います。実務上の違いは、前者の場合、仕様どおりに完成物を納品しないと受注者は報酬を受けられず、後者の場合は委任された業務を遂行することに対して報酬が発生します。

アジャイル開発の場合には、どちらの契約スタイルがよいのでしょうか。チームでアジャイル開発の経験や業務知識が豊富で、要件定義が確定できれば不確実性が減るため、請負契約でも対応できるでしょう。また、すでに仕様が確定していて変更がほぼない場合も同様です。

しかし、アジャイル開発がはじめてのケースや急造チームの場合では、請負契約ではリスクが高く、そのリスクを関係者とすり合わせていくのに難儀します。製品の価値に焦点をあて、仕様変更も柔軟に対応できる準委任契約がよいでしょう。図表49-2 と 図表49-3 にあるように、柔軟な仕様変更を受け入れながらアジャイル開発していくには準委任契約が適しています。

▶ 請負契約のメリットとデメリット 図表49-2

	メリット	デメリット
開発側	・報酬額が決まっているのでコストを下げれば利益を増大できる	・完成義務が生じ完成するまで報酬を得られない ・追加作業が発生した場合に費用負担が生じる ・契約時における開発費用の見積もりが困難で想定外のリスクを負う
依頼側	・完成するまで報酬が発生しない ・支払う報酬が固定なので追加作業の費用負担がない	・リスク回避で高額な見積もり ・仕様変更に自由がきかない ・最初に決めた仕様を作ることがゴール

▶ 準委任契約のメリットとデメリット 図表49-3

	メリット	デメリット
開発側	・完成ではなく業務に対して報酬を請求できる ・追加作業が発生した場合に費用を請求できる	・いつでも契約解除させられてしまう ・善管注意義務(善良な管理者の注意義務)が必要
依頼側	・請負よりも低額な見積もり ・仕様変更に自由がきく ・よいサービスを提供することがゴール	・完成義務がないのでできあがるか不安 ・追加作業が発生した場合に費用負担が生じる

◎ 契約を遵守しながら仕様変更にどう対応するか

準委任契約で仕様変更が可能になれば、すべてがうまくいくわけではありません。依頼側の企業にとっては、ソフトウェアのリリース時期やその費用は気になるものです。不確実な状況のなかで、契約を遵守し、少しずつ形作りながら価値の高い製品を提供するために、アジャイル開発を実践したいことでしょう。

そのような際に確実性を上げて、仕様変更に対応するための戦略と戦術があります。『正しいものを正しくつくる』（市谷聡啓著、BNN新社刊）という書籍で紹介されている「余白の戦略」（図表49-4）と「スプリント強度を高める戦術」（図表49-5）です。

不確かな仕様に対処するために、プロジェクト全体に関わることは、余白の戦略を持ってプロジェクトの初期に実施します。そして、各スプリントに関わることは、スプリント強度を高める戦術を各スプリントが始まる前までに行います。それぞれを詳しく紹介していきます。

◎ 余白の戦略とは

プロダクトができあがるにつれ、見た目や操作のしやすさといった顧客の要望が発生するでしょう。要望によってプロダクトバックログが肥大していった場合、優先順序の入れ替えだけでは対応できなくなることもあります。その際には、余白で受け止める必要が出てきます。プロジェクトの途中で、図表49-4のような余白の追加要望は開発側も心苦しいし、顧客も受け入れがたい雰囲気になるので、プロジェクトの始まる際に決めておきましょう。

▶ 余白の戦略 図表49-4

余白	内容
調整の余白	顧客体験に必要な範囲を約束し、作り込む機能の充実さで調整すること。 たとえばECサイトの場合、商品表示やカート機能や決済などの顧客体験に必要な範囲は一通り揃っているが、決済機能の充実さで調整し、クレジットカードのみの提供にする
期間の余白	プロジェクトとしてまとまった余白期間をとること。 機能の見積もりごとに余白をとってしまうと余白だらけになってしまう。よってプロジェクト全体で、まとまった余白期間の空のスプリントを用意しておき、開発の進捗が思わしくないときに活用する
受け入れの余白	新しい要求をプロダクトバックログに一次保管させておくこと。 開発の過程で得られた発見から生まれた要求で、既存のプロダクトバックログを越えてまで優先順位をつけられない場合に保管しておく。開発の進捗がよい場合や、期間の余白でスプリントに余裕がある際にこれらの要求に手をつける

● スプリント強度を高める戦術とは

情報やコミュニケーションが不足する状況での開発では、各スプリントで無残な結果ばかりになるでしょう。これを回避するためには、プロジェクト全体だけではなく、各スプリントでも策を講じる必要があります。その策が「スプリント強度を高める戦術」です。

強度を高められるかは「考慮してなかったのでそれはあとでやろう」という先送りをどれだけ減らせるかにかかっていま

す。そのために、図表49-5 を目の前のスプリントで確実に実施していく必要があります。小さくてもよいので成果を積み上げられれば、チームでスプリントをやり抜く力が身につくでしょう。その結果、スプリントが価値ある機会に変わり、成功体験の積み重ねでチームの士気もアップするはずです。顧客と開発の協力が必要不可欠です。

▶ プロダクト作りをクリーンに保つ条件　図表49-5

条件	内容
受け入れ条件を定義している	受け入れ条件をプロダクトバックログアイテムごとに定義し、開発チームで作るもののイメージの共通認識ができている状態。プロダクトオーナーが不慣れな場合は開発チームと一緒に詳細化する
ベロシティを計測し、安定させている	ベロシティを不安定にさせる大きな要因はプロダクトバックログアイテムの見積もりの正確度にある。バックログアイテムを規模感で相対的に見積もり、大きいまま扱わず小さく分割させることで正確度を高める
受け入れテストを実施している	明確になっている受け入れ条件を通過するように開発チームが実装し、受け入れテストでつど確認できれば、不確定要素が少なくなりクリーンに保てる。そのためにはスプリントレビューで受け入れテストを実施することを決定しよう（テストの戦略や種類に関してはレッスン59の「アジャイル開発はテストしない？」を参照）
ふりかえりを実施し、カイゼンし続けている	プロセスやプロダクトのカイゼンをふりかえりのなかで確実に実施していこう。理想が共有できている限り問題や課題は見つかるはず
実運用相当のデータが揃っている	種類やレアケースを考慮したデータが揃うと、作る機能や内部の条件分岐の理解が深まる。また、データのボリュームや発生頻度でパフォーマンスが大きく変わることもある。このような理由から、データの準備には労力がかかることが多いが、初期段階から工数として考慮しておくことが重要である

スプリント強度を高めるためにはレッスン24の「筋肉質なソフトウェア」であることが重要になります。背骨から作り始めることにより、骨太なプロダクトになります。

[パターン]

50 プラクティスを自ら実践し自ら作る

**このレッスンの
ポイント**

アジャイル開発方法論を独自に発展させましょう。日本の
現場に合ったパターンを自らの現場で見つけるのです。日
本の現場に合わせた真のプラクティスは現場で働く我々に
しかできないのです。

⦿ プラクティスを自分たちで作る

書籍を通したプラクティスをコピペして
現場に導入しても現場に馴染まないこと
があるでしょう。少しずつカイゼンを繰
り返すことで、自分たちの手に馴染んで
いくプラクティスに変遷していきます。
ときには原則を忘れて違うものに発展し
ているかもしれませんが、それでよいの
です。そんな場合は、変身したプラクテ
ィスの新しいパターンを考えて、抽象化
を試み俯瞰してみましょう。どんな問題
があって、どんな状況や制約条件がある

ときに、うまくいった解決方法なのかを
言語化してみるのです。言語化や図によ
って形式された知識によって、組織内へ
の横展開しやすくなり、真似してもらう
際のきっかけや入り口にできます。会社
の文化や背景が反映されているものが多
くなるため、ほかのチームでも共感が得
られるでしょう。レッスン62で解説する
「ハンガーフライト」で社内発表してみ
るのも手です。

社内のほかのチームでもアジャイルプラク
ティスを実践しているところがあれば見学に
いきましょう。自チームとの類似点はパター
ン化のためのヒントになるはずです。

● プラクティスのパターン化

日頃の会話のなかで頻繁に垣間見える話題がパターン化すべきプラクティスになるでしょう。図表50-1 に挙げたパターン化の例は実際にパターン化した「モヤモヤボード」の事例です。

▶ パターン化の例 図表50-1

要素	内容	例
愛称	プラクティスの名称	モヤモヤボード
問題	発生している問題	些細な問題だけど、共有できなかったり、忘れてしまい、放置すると大きな問題に発展して手をつけるのが大変になる
状況	問題が発生している状況	現場で自分が直面した問題に対して、悩みや不安を抱え込みすぎてしまったり、作業が滞ってしまうこともある
制約条件	問題解決を困難にしている制約やしばり	解決策や代替案があるわけではなく、ふりかえりで出すProblemほど大きい問題でもないという遠慮や、自分で解決しなくてはいけないという責任感
解決方法	プラクティスで問題を解決する方法	モヤモヤを感じたときに付箋紙に書いて貼り出せるボードを用意する
結果	解決された状態	解決案があってもなくても、感じた瞬間に気軽に表明できるようになった。副次的効果でふりかえりの付箋紙を出すスキルも上がった

👍 ワンポイント　愛称の効果

パターン化を試みる際にメンバーでアイデアを練りながら出した発言が、背景を濃く反映した物語になるはずです。
「愛称つける際に、こんな会話をしたね」や「具体例としてあんな出来事を話したね」と、確定した愛称を発言するだけで、これらの議論がメンバーの脳裏に蘇るでしょう。
また、愛称をつけることで、親しみを込めて呼べるのも大きなメリットでしょう。そして、愛称によりプラクティスが真似しやすくなり、組織に広める効果も高まります。
チームビルディングのプラクティスだけでなく、こういった日頃のカイゼン活動でもチームワークを向上できます。ぜひ楽しみながらたくさんのパターンを作ってみましょう。

◯ いたるところにカイゼンチャンスがある

現場でアジャイル化に向けたカイゼンを進めようとすると、一歩が出にくいことがあります。図表50-2 の切り口で現場を捉えてみると、身近なところにプラクティスを実践する機会が眠っているでしょう。気軽に実践するためのコツを押さえておきましょう。

▶ カイゼンチャンスの見つけ方 図表50-2

切り口	カイゼンの例
時間軸 (When)	2つのことを同時に実施しなければいけない場合、注力する軸足を組織の成長段階によって変えよう。たとえば、新規開発をしなくてはいけないし、内部カイゼンもしなくてはいけない場合など。期間をわけて段階の設計を行う。 はじめの2週間は内部カイゼンを軸足にして、自動化などで時間的余裕を作り出そう。次の2週間は新規開発を軸足に、集中した開発にチームで取り組む。これらの段階作戦は、メンバーだけでなく組織全体に対して表明する
イベント (What)	手近で横断的なイベントからカイゼンしてみよう。たとば定例会議の議事録など。議事録をあとから作成するのではなく、クラウドサービスなどの同時編集できるドキュメントツールを全員で入力しながら会議を運営する。すると会議が終わったタイミングで議事録が完了してしまう。あとから議事録を作成する時間や公開までの承認待ち時間などが減らせる
場 (Where)	会議室で実施していた定例ミーティングを、ホワイトボードやオープンスペースで立ちながら開催してみよう。立ちながら実施すると疲れてしまうので、短時間で終了させられる。また、会議の目的が、情報共有なのか意思決定なのか明確にしよう。情報共有は時短させ、意思決定に時間を注力できれば、次のアクションや計画が前進し、待ち時間が削減できる
人や組織 (Who)	組織に広めていくときに大事なのは2人目の存在。現場の問題を共有しながらアイデアを相談してみよう。興味を示したり、面白がってくれるメンバーに向けて話すことで、因果関係の整理にも役立つ。また、複数の組織で見える化や朝会などが実施されていたら、ほかのチームに見学に来てもらったり見学に行ってみよう。恒常化打破のアイデアが存在しているかもしれない。お互いに議論したり真似したりして、アイデアを組織に広げていこう
方法論 (How)	気がついた問題解決方法に対して、自分の周りから気軽にやってみて、早く失敗して学びに変えよう。とりあえずやってみても、課題にフォーカスしていると形をちょっとずつ変えながら意外とプラクティスとして残っていくもの。たとえば、ミーティングで出た問題を形骸化させたくない場合には、ダンボールや社内のワークショップで余った模造紙を活用しながら〇〇ボードを作成し壁に貼り出してしまう

待っていても誰も組織を変えてはくれないので、変えるのは気づいてしまったあなたからです。自ら考え行動した学びは、継続的な学びを大事にするアジャイルマインドを向上させてくれます。

● 現場で発生した具体的なプラクティス

チームで仕事をしていくうえで、チームビルディングや見える化やフィードバックなどの方法を生み出した例を紹介します。

▶ 現場で発生したプラクティス例 図表50-3

見える化	モヤモヤボード	問題や課題にフォーカスするといいづらい、また提案しづらいことをいえるようにする。代替案を検討しきれていないことでも、気軽に違和感を露出してもらうことで問題を事前キャッチする
ふりかえり	私がやるなら こうやる フィードバック	「フィードバックをください」といってもなかなか出てこない場合、「私だったらこうやるのに」があれば教えてほしいという問いかけで案を出してもらう
チームビルディング	ハイタッチ プラクティス	キックオフミーティングで、プロジェクトの不安からくる混沌とした雰囲気を打破するために、ミーティングの終わりにハイタッチを実施して、気分を高揚させ笑顔にする
チームビルディング	勝手に誕生会	おやつタイムの15時にメンバーの誕生日を勝手に祝ってしまう。コミュニケーションが疎な組織でも、スイーツによる休憩時間の一服でパフォーマンスがアップする

👍 ワンポイント　7つのPを意識しよう

アジャイル開発を進めるにあたって「7つのP」を意識するとよいでしょう。Product、Process、People、Practice、Pattern、Project、そしてPerformanceの頭文字をとったものです。具体的には、Productができあがるにつれ正しい形が判明していくこと、Processを回すことで手順に慣れていくこと、People（チーム）にノウハウが溜まってスキルがアップすること、Practiceの方法論やコ

ツがつかめること、Pattern化して組織に展開しやすくなること、ふりかえりをしながら開発期間のなかでProjectの進捗が好転することが大事になります。6つのP（Product、Process、Practice、People、Project）は互いに影響しています。最終的には、顧客価値が上がるようにチームのPerformanceを最大化していきましょう。

Lesson

51

[組織にスケール]

日本の既存の組織に合わせて拡大させる

このレッスンの
ポイント

アジャイル開発をトップダウンで号令をかけても、ボトムアップで草の根活動で広めようとしても、**組織全体に広まるには時間がかかるでしょう**。日本の組織文化や組織構造に合わせて無理なく浸透させていく方法を学びます。

◯ 階層構造があるなかで浸透させるには？

いきなりアジャイル開発でコミュニケーションよく、完全なフラットな組織にしようとしても、実際にはうまくいかないでしょう。既存の業務体制が階層構造を前提にしており、フラットな組織を想定したものではないからです。フラットな組織で役職の上下関係なく実践することが、アジャイル開発の成功につながりますが、階層型組織を考慮したうえでなければ絵に描いた餅です。仮にトップダウンでアジャイル大改革の手を打ったとしても、変革には大きな傷みも伴い、すみずみまで浸透し運用が回るには長い年月がかかるでしょう。組織改革には、トップダウン、ボトムアップ、ミドルアップダウンで一体となり、地道な道のりを、一歩一歩前進していく必要があります。このレッスンでは、アジャイル開発を組織全体に広めるためにはどうしたらよいのかを詳しく説明していきます（図表51-1）。

▶ **組織に広めていく作戦** 図表51-1

小さく始める

・課題解決に向けた共通のゴールに合意する
・仲間を見つけ、小さな成功事例をたくさん作る

問題に焦点をおく

・トラブル発生時、問題にフォーカスする
・無駄な作業にフォーカスする

プラクティスありきで組織に広める必要はないのです。既存の問題に焦点をあて、問題の本質を特定できることのほうが重要です。原因が明らかになれば、おのずと解決策は見えてきます。「気づいたら、その手段としてプラクティスを使っていた」でもよいのです。

◯ 組織に広めていくために小さく始める

まずは「課題解決に向けた共通のゴールに合意する」です。手段に固執すると抵抗を受けることがあります。たとえば、これまでの仕事の仕方を変えることを嫌って、アジャイル開発をするかしないかで揉めていたとします。まず、アジャイル開発を手段と位置づけて目的を整理すると、顧客要望や現場の問題がその目的として浮上するでしょう。そして、それらの目的に対処していくことに合意を得ます。目的（事実）をもとにすることで、「残タスク数を見える化する」ことや「必要性が高まった時点で開発対象にする」ことが実施できるでしょう。

次の方法は「仲間を見つけ、小さな成功事例をたくさん作る」です。まずは勉強熱心なメンバーを見つけるところから始めます。たとえば、社内勉強会を開催します。参加者やアジャイル開発に興味のあるメンバーを巻き込みながら、各々の現場で「見える化」や「ふりかえり」など、少人数でも始められるプラクティスを試みましょう。勉強会は1回開催して終わりではなく、定期的に事例共有会も開催し、ほかのチームで試してうまくいったことを、自チームで真似てみて、成功体験につなげていきます。プラクティスがチームからチームへと広がっていくわけです。

◯ 組織に広めていくために問題に焦点をおく

問題に焦点をおいて組織に広めていく作戦の1つ目は「トラブル発生時、問題にフォーカスする」です。トラブル発生時というのは、最新の情報や対面での情報交換で、一刻も早く問題を解決したいと思うでしょう。

たとえば、ネットワークトラブルが発生した場合は、司令室のような場を構築する絶好の機会です。ホワイトボードにトラブル箇所の略図を書いたり、タスクを付箋紙に書いたりしながら、最新の状況を表出します。タスクボードやペアワークなどのプラクティスを活用すれば、無駄な認識齟齬を減らせます。

2つ目は「無駄な作業にフォーカスする」です。仕事をやりとりする他部署と一緒にカイゼンする場を設けてみましょう。背景がわかれば、代替手段が生まれる可能性が高まります。無駄な作業を減らせれば、楽になった成功体験やプラクティスの導入実績ができます。

問題を一緒に解決しようとする場作りから始め、実業務が楽になった成功体験で、組織のなかにプラクティスを受け入れやすい下地ができあがります。業務改善とともに新しいプラクティスが少しずつ組織に広がっていくわけです。

ⓘ COLUMN

アジャイル開発が難しいのではなく、ソフトウェア開発自体が難しいのだ

プラクティスのステップアップの方法や、課題にフォーカスした対処方法などを説明してきましたが、実はどれもシンプルなことばかりです。しかし現場に適用しようとすると、いきなりハードルが上がってしまいます。アジャイル開発がすべてを解決できる魔法の杖であれば、ソフトウェア開発で苦労する人はいなくなり、トラブルはすでに世の中からなくなっていたことでしょう。

ではなぜなくならないのでしょうか？それは、世の中のニーズ、マーケットの動向、競合、会社組織、人、技術、顧客、品質、見積もり、モチベーションなどの変数がソフトウェア開発の現場でさまざまに絡み合っているからです。確実に売れるものがわからない状況で、会社やサービスの成長フェーズに合わせて投資し、アーキテクチャを設計し、多様な価値観のメンバーと働くという、なんとも複雑怪奇な世界で生活しているからです。

しかし、トラブルの根本原因は人間に由来することが多いでしょう。その原因を突き詰めると、期待値のズレや意義の説明不足などに突き当たります。私たちは多様な関係者の思惑が絡み合った世界に生息しているのですから、難しくて当たり前なのです。

人は生命維持のために変化することを嫌う傾向にあるといいます。変化は不確実で生存リスクにもつながるわけですから、現状に不満があったとしてもその状況を維持しようとしてしまうのです。変化することに比べたら不満を選択したほうが先が読めて安定をするからでしょう。

既存の組織や枠組みのなかで、実施するハードルを上げているのは自分自身かもしれません。勝手に難しいと自らがバリアを作り、できない言い訳を考え続けているのかもしれません。そんなバリアを打破する手順をアジャイル開発が教えてくれます。物事を難しく考えず、シンプルに考え、周囲との共通のよいことを見出しながらプラクティスを実践するきっかけを与えています。

「アジャイル開発の文化が浸透したチームで日々働けたら、さぞかし楽しいだろう」と思えたなら、もう一歩を踏み出している証です。あなたの勇気ある行動によりアジャイル開発はさらに強化されるでしょう。行動して小さな波紋を起こし、経験を手に入れ、楽しみながら成長していきましょう。自分から意思決定した行動は、やらされ感満載の業務よりも、成功と失敗という何倍もの成長を運んできてくれます。

楽しんでいれば興味を持ちはじめる仲間が出てきます。あなたのアジャイル開発を実施したいという願望から輪が広がっていくのです。

Chapter

7

アジャイル開発の
理解を深める

本章では、アジャイル開発の理解をより
深めるために個別のテーマについてQ&A
形式で答えていきます。アジャイル開発
にはよくある誤解があります。個別のテ
ーマについて1つずつ理解を深めていく
ようにしましょう。

[アジャイル開発の誤解]

52 なぜ、アジャイル開発は 誤解を生みやすいのか？

このレッスンの ポイント

アジャイル開発に関する疑問や誤解は以前から常にありました。これは「これまでの開発」のやり方との比較によって起きるものです。なぜこうした誤解が起こるのかひもといていきましょう。

⭕ これまでの開発 vs アジャイル開発

アジャイル開発にまつわる誤解をこの章では答えていきます。章の目次を読んでみてください。そして、質問に対してそのまま肯定してみましょう。見積もりをする、計画を作る、ドキュメントを書く、要件定義をする……何かに気がつきませんか？

そう、これは「これまでの開発のやり方」そのものですよね。「見積もりをやらないんでしょ？（これまでに比べたら）」「計画も作らないんでしょ？（これまでに比べたら）」、これらの誤解は「これまでの開発」と「アジャイル開発」の間に溝を掘って、最初から対立軸になる前提を置

くところから始まっているのです。

本書をここまで読み進めていれば、アジャイル開発であっても見積もりをするし、テストだって行うことをすでに学んでいますね。一方、現場には誤解を抱いている人がまだたくさんいるはずです。そうした疑問に答えられるよう、この章で答え方を学びましょう。

さて、こうした誤解はなぜ生まれてしまうのでしょうか。これは関心とする対象の違いによるものです。図表52-1 に示す通り、「（タスク）をしないのか？」はWhatレベルの関心といえます。

👍 ワンポイント　段階的に取り組む

アジャイル開発に取り組んでいく際に厄介なのは「自分たち自身がまだ十分に身につけていない」のに、関係者からの「どういう成果をどうやって挙げていくのか」という問いにも向き合わ

なければならない状況になりやすいところです。関係者がいきなり増えすぎないように、段階的な取り組みが必要となるでしょう。

▶ これまでの開発とアジャイル開発の違い 図表52-1

	これまでの開発	アジャイル開発
Why 何のための開発なのか	決められたタイミングに決められた範囲のものを作りきるために	ソフトウェア開発での不確実性に適応するために
How どうやって実現するか	フェーズを分けて極力フェーズを遮らないように合意形成する	早く（少しだけ）形にすることを繰り返すなかで、共通理解を得て何を作っているか合意形成する
What そのために 何（タスク）をするか	要件定義フェーズ、設計フェーズ、レビューと承認 スケジューリング、進捗会議	XP のプラクティス、スクラム、カンバン

「計画を作るのか？」
「要件定義するのか？」
（What レベルの関心）

Why、How、Whatごとに、これまでの開発とアジャイル開発はこれだけの違いがある

これまでの開発とアジャイル開発について、何が異なるのか皆さんも考えてみてください。

👍 **ワンポイント　2項対立を越える**

これまでのやり方と、新たな取り組みの間で2項対立（双方が自身の必要性を訴え、相手側の評価を低く扱うことで自身の主張を通そうとする対立）が起きてしまうのは、ウォーターフォールとアジャイルの間でよく見られる光景です。

この構図になると、決着までは時間がかかり、結論を出してどちらかを採用することになったとしても、相手側に不満が残ることになります。そのため、2項対立でどちらかを負かすまで戦うのではなく、対立になるのは「双方にそれぞれの必要性がある」からと捉え、その背景を吟味することが大切です。どちらか一方を採用するための議論ではなく、背後にある問題を解決するために必要なことについて対話しましょう。

● HowやWhatではなく、Whyから始める

一方、アジャイル開発の本質とは「価値（実現したいこと）」と「原則（実現のための）」にあります。これらを体現するために「プラクティス」が考え出されるわけです。つまり、アジャイル開発の本来の関心事とは、前掲した 図表52-1 での「Why」の中身であり、その実現にあるわけです。このように「What（タスク）」と「Why（目的）」で関心の対象がズレているうえで、両者の「What」の差分ばかり取ろうとしてもWhatレベルの違いがわかるだけです。

そうではなく、まず「Why」の選択から考えるようにしましょう。自分たちのソフトウェア開発に適した「Why」を選び、それに基づいて「How」「What」を定めるべきです。あらためて両者の「Why」から捉えてみましょう。

図表52-2 のように捉えると、「これまでの開発」と「アジャイル開発」の間はどちらが正しくてどちらが間違っているという関係にあるわけではありません。自分たちが実現したいことに基づいてより適しているほうを選択するという対象なのです。

▶ **Whyの比較** 図表52-2

Why		これまでの開発	アジャイル開発
	背景にあること	何が必要かは事前に決められる	ユーザーが何を必要としているかわからない だから何を作るべきかあらかじめ決められない
	実現したいこと	事前に決めたことを基幹的にも予算的にも大きく揺れることなく実現できる	すべてを事前に決められなくても開発が始められ、形作りながら何を作るべきか決めていける
	望ましいあり方	完成へのコミットメント	変化への適応

これまでの開発とアジャイル開発のWhyを比較して、自分たちのソフトウェア開発に適した手法を選ぶ

どのようなプロジェクトでも、目の前の開発で何を実現する必要があるのか、問うことから始めましょう。

● Whyに適したHowやWhatを選ぶ

「Whyから始める」という考え方に基づくと、実は「How」、特に「What」についてはかなり選択肢が生まれることに気づくでしょう。大切なのは「Why」の実現であって、「What」がどうあるべきかではないのです。「What」は「Why」の実現に最も貢献する手段を選べばよいのです。とすると、このレッスンの最初に挙げた「誤解」は、本質的な議論の対象ではないことがわかります。アジャイルなプロセスを選択しながら、関係者との理解を揃えるためにスケジュール表を作ってもよいのです。これまでの開発をベースに置きつつ、モジュールの結合時のリスク

を低減するために、反復的に同期するタイミングを設けてもよいのです。

図表52-3 のように、自分たちの開発のやり方を選びましょう。もちろん、やり方はふりかえりなどのタイミングで見直し、より適した手段を選択しましょう。

ただし、それぞれのやり方には型があります。守破離という言葉があるように、やり方の型がどのような内容で何に留意するとよいのか知識として得て、練習することは実践の最初の一歩といえます。この第7章の残りのレッスンであらためて「誤解」に向き合い、型としてどのような考え方なのかを知ることにしましょう。

▶ 私たちのアジャイル開発の例 図表52-3

基本的な方法	スクラムを採用する。ただし、プロダクトオーナーを務める担当の実践知が不足しているため、PO支援の役割を設置する	リリース計画	スプリントゼロに置いて、その時点のプロダクトバックログ全体の規模見積もりを行い必要なスプリント数を見立てる
チーム構成	スクラムチームを、開発者5名、スクラムマスター1名、PO1名、PO代行1名で構成。なお、ステークホルダーとして事業部長が本プロジェクトに関与する予定	リズム	スプリントは2週間とする
方向付け	スプリントゼロに置いて、インセプションデッキをスクラムチーム及びステークホルダーと作成する	イベント	スプリントプランニング、スプリントレビューを毎週月曜日14:00-18:00で実施する。その他デイリースクラムを毎日、スプリントレトロスペクティブを隔週実施
要求	ユーザーストーリー形式でプロダクトバックログを記述する。プロダクトバックログは、XXXというツールを用いて管理する	CI/CD戦略	スプリントゼロで環境を構築し、スプリント1から運用を開始する

自分たちのHow、Whatを選ぶ

👍 ワンポイント 小さく始めて、実践による経験を手に入れる

新しいやり方をいきなり上手く実践しようとしても無理があります。思うような成果が上がらなくても許容できる環境、状況（たとえば社内に閉じたパ

イロットプロジェクトなど）を利用し、まずは練習（実践による経験）をすることが大事です。

［仮説検証］

53 アジャイル開発は早く安く できる？

**このレッスンの
ポイント**

アジャイル開発は早く（ただし少しずつ）形にするやり方
といえます。それは早く安くできることを意味するのでし
ょうか。何を捉えるために「早く少しずつ形を作る」やり
方を選択するのか理解しましょう。

⭕ アジャイル開発は早さも安さも約束するものではない

「アジャイル開発の『アジャイル』には
俊敏という意味があるらしい。であれば、
早くできるのだろう。早くできるのであ
れば安くもなるのか」という疑問を持た
れたことはあるでしょうか？ 結論から伝
えると、アジャイル開発は早く完成する
ことも安く仕上がることも約束するもの

ではありません。むしろ、普段の開発よ
りも時間がかかる、あるいは高くつく感
覚を得ることさえあります。それはなぜか、
アジャイル開発とこれまでの開発の進み
方のイメージを 図表53-1 で比較してみま
しょう。

▶ **進み方イメージの比較** 図表53-1

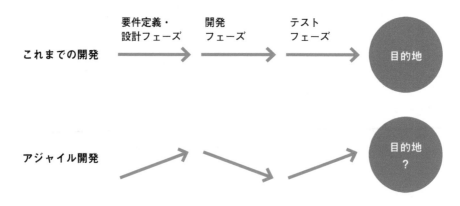

これまでの開発は計画どおりに進める前提で、アジャイル開発は試行錯誤しながら進める前提

◯ アジャイル開発は試行錯誤を前提に置く進め方

たどり着きたい目的地がはっきりとわかっているならば、迷わず一直線に進んで行けばよいですね。図表53-1の上の図がこれまでの開発が前提としている進め方のイメージです。一方、下の図は大きく振れながら進んでいますね。アジャイル開発がなぜタイムボックス（一定期間の長さ。この単位で反復的に開発する）を採用しているかというと、タイムボックスの繰り返しのなかで試行錯誤を行うためなのです。試行錯誤ですから、作ってみてやり直そうということが起き得るわ

けです。

アジャイル開発が試行錯誤を前提と置いているのは、たどり着きたい目的地＝プロダクトの完成イメージが誰にもついていないからです。タイムボックスの反復を通じて少しずつプロダクトの形を明らかにしていく。その過程でチームや関係者、利用者からのフィードバックを得ることを目的としています。このように進め方を漸次的にしたほうが、プロダクトの方向性を調整しやすいですよね。

▶ アジャイル開発の試行錯誤 図表53-2

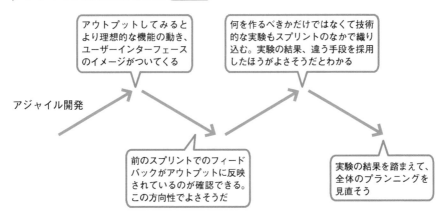

フィードバックを得て、試行錯誤を繰り返しながらプロダクトを作っていく

👍 ワンポイント　試行錯誤のために必要なこと

1日たりともリリースを遅らせることができない、変更ができないスケジュール制約のもとで、どれだけ試行錯誤ができるでしょうか。時間的余白（余裕）がなければ、試すことも、方向性を変えることも難しいことでしょう。

● 価値を探索することが狙い

さて、それぞれの開発をまっすぐに並べてみましょう。一直線に迷わず進んだほうがもちろん早くたどり着くでしょうし、その分コストもかからないといえるでしょう。

ですが、そのたどり着いた目的地とは本当に目的に適した状態なのでしょうか。あらかじめ完成イメージがあればありえそうですが、デジタルプロダクトの多くは何を作ればユーザーに選ばれ続けるのか明確にはわからないものばかりです。

ユーザーが必要とするものを事前にすべて把握できるすべがないからこそ、試行錯誤のアプローチが求められ、ユーザーにとっての価値を探索するような進め方になるわけです。

結局、図表53-3 の上の図で作り終えたとしても「これではない」がわかり、その時点で作り直すことも珍しいことではありません。結果的に、下の図の長さのほうが短くなることもありえます。

▶ これまでの開発とアジャイル開発をまっすぐに並べる 図表53-3

これまでの開発

事前に決めた範囲には早くたどり着けるが、そもそも事前に決めた範囲が正解（ユーザーが必要とするもの）かはわかっていない

アジャイル開発

試行錯誤は学ぶため。何を作ったらどんな反応があるか、フィードバックを得て作るべきものの方向性を定めていく

開発の進め方は、目的によって選びましょう。作るべきものが定められないのに定まっているかのように進めるやり方では価値あるプロダクトにたどり着けそうにありません。

● 探索を織り込んだアジャイル開発

ソフトウェア開発に価値探索のためのタスク「仮説検証」を織り込む考え方があります。「何を作るべきなのか」という問いに対して、「実際にモノを作って試す」以外の手段（ユーザーインタビューやプロトタイプによる検証）も含めて、解を見つけていくアプローチです（図表53-4）。どのような状況にあるユーザーの、どんな問題をどうやって解決するのか、作り手として仮説を立て、理解したいことに応じた検証方法を取り、事実を明らかにしていきます。

「こういう課題があるはずだ」「これで解決できるはずだ」という仮説のまま一気にソフトウェアを作りきってしまうアプローチよりも、見当はずれのムダなモノを作らなくて済む可能性があります。このような進め方を取ろうとすると、明らかに図表53-3 の下側のようになることがイメージできますね。

▶ 仮説検証型アジャイル開発 図表53-4

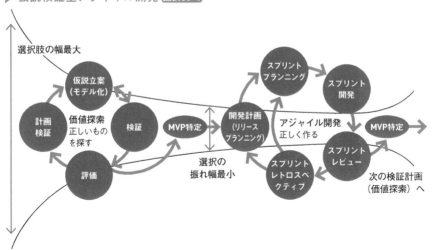

価値探索の活動がなければ何を作るべきかが関係者の勘と経験に頼るしかない。開発チームもプロダクトがどうあるべきかという基準が持てない

👍 **ワンポイント 仮説検証型アジャイル開発**

仮説検証の進め方、またそれに適したアジャイル開発の取り組み方の詳細については書籍『正しいものを正しくつくる』をあたってみてください。ただし、まずはチームで本書に書かれているアジャイル開発の実践に取り組むことから始めましょう。その次の段階に進むのは、チーム開発の練度を高めてからです。

54 ［見積もり］
アジャイル開発は見積もりしない？

**このレッスンの
ポイント**

> これまでの開発では、完成イメージを事前にすりあわせて
> から見積もり、完成後に確認していましたが、アジャイル
> 開発での見積もりの考え方は、それとは大きく異なります。
> <u>アジャイル開発の見積もり</u>について要点をつかみましょう。

⬤ そもそもなぜ見積もりをするのか？

古くからソフトウェア開発の見積もりは
難しいものでした。そのうえ現代に至っ
てソフトウェアが対象とする領域は広が
る一方です。いままで存在しなかった体
験を提供するプロダクトなど比較対象が
ないため、見積もりが難しいことでしょ
う。

ではなぜ、見積もりという難易度の高い
行為を私たちはわざわざ行うのでしょう
か。その目的は大きく2つあります。1つ

は着地の予測を行うためです。着地の予
測とは、いつプロダクトが完成するのか
という予測のことです。この予測はビジ
ネスの展開や利用の開始など、プロダク
トを作ったあとのことを計画するために
必要とされます。もう1つは、<u>プロダクト
開発に必要なコストを計算する</u>ためです。
いずれも、開発の外側で必要となる情報
です。

> 多くの企業が予算を確保したうえでその執行を行うと
> いう方式を取っています。企業の取り組みとしてその
> 活動量の上限を透明にして、合意形成することが求め
> られるわけです。これは「開発チームとして開発を進
> めるために、見積もりが必要かそれとも不要か」とい
> う議論とは別の観点になります。

○ これまでの開発の見積もり

「アジャイル開発は見積もりしないのか?」への回答もこれで明らかになります。着地の予測やコストの見立てが必要な場合、見積もりは必要となります。アジャイル開発かどうかに関わらずです。ただし、アジャイル開発はこれまでの開発の見積もりとは異なる考え方を提示しています。その点を押さえておきましょう。

図表54-1 が示すとおり、これまでの開発の見積もりは開発前に徹底的にすりあわせを行うスタイルのものでした。いわゆる要件定義というフェーズを設け、「何を

作るべきか」についての言語化とイメージ化を、開発の対象領域すべてに対して行うわけです。言語を中心とするため認識の相違が生まれやすく、相違をなくすためにさらに言語化を厚くといった動きとなり、当然相当な時間を要することになります。

こうして、開発を始める前に着地とコストの見立てをできる限りに精緻なものとするのが従来の見積もりの考え方でした。開発の外側の計画作りをやりやすくする方法といえます。

▶ これまでの開発の見積もり 図表54-1

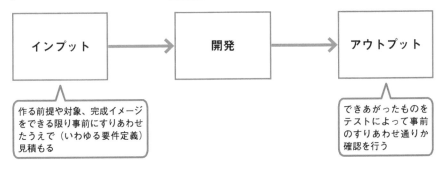

これまでの開発では、インプットのすりあわせを徹底的に行う

👍ワンポイント　要件定義ができるかどうかを考えてみる

開発プロジェクトは必ずしも要件定義から始められるわけではありません。ある目的のもと、あるべき業務や利用体験を構想し、システム化の範囲を特定するといった活動がなければ、詳細な要件を定めることはできないしょう。要件定義が始められる状態なのかを問うことが必要です。

○ アジャイル開発の2つの見積もり

一方、アジャイル開発は2つの見積もりで構成されます（**図表54-2**）。1つは全体感の見積もりです。開発初期段階で必要とされる機能群全体を見積もり、必要となるタイムボックスを数え上げます。このタイムボックスは多くの場合、1週間から2週間を採用するため、タイムボックスの数が明らかになれば開発全体の期間についておおよその見立てをつけることができます。あとは体制にかかるコストを算出すれば、体制コストと期間の乗算で必要となる予算感も見えてきます。

もう1つは、実際に開発するにあたってタイムボックスごとに行う見積もりです。実際に作る範囲はタイムボックスごとに決めるため、やりきれるかどうかの見立てをそのつど行うことになります（このタイムボックスごとの計画作りについては次のレッスン55で解説します）。

▶ **アジャイル開発の見積もり** 図表54-2

①ざっくりと全体の見積もりをして、段階的に着地の見極めを行う

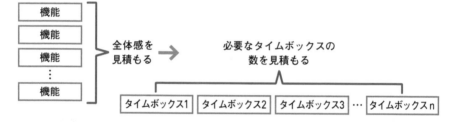

②タイムボックスごとに見積もりを行う

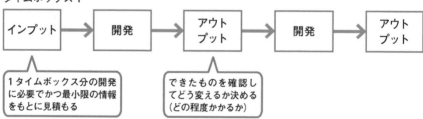

アジャイル開発では、全体感を見積もってから、タイムボックスごとに見積もりを行う

これまでの開発とアジャイル開発の見積りの考え方の違いに着目しましょう。

● 全体感を見積もる

全体感の見積もりについて、例を挙げて考え方を捉えておきましょう。まず、開発を始める段階で必要となる機能群を洗い出します。これはあくまで、開始時点での洗い出しのため、内容の粒度は粗い場合がほとんどです。「おおよそこのような機能が必要であろう」というレベル感です（こうした情報の粒度を、反復開発のなかで必要な分を詳細化しながら進めていくわけです）。

捉えた機能群全体に対して見積もりを行います。この見積もりも精緻な積算というわけではありません。チームのそれまでの開発経験をもとに、おおよその見立てを行います。たとえば、これまでチームが開発してきた類似の機能を比較することでどの程度の開発となるか推測します。

次にチームのアウトプット量を想定します。1回のタイムボックスでどのくらいの規模の開発ができそうか。実際に開発してみれば明らかになってくる数値ですが、初期段階ではそれもわからないので、やはりこれまでのほかのプロジェクトでの実績など参考に仮置きします。

こうして算出した見積もりをアウトプット量で除算すれば、必要なタイムボックス数がわかります。

▶ **全体感見積もりの例** 図表54-3

機能	機能	機能	機能
機能	機能	機能	機能
機能	機能	機能	機能

↓

全体で150日程度の日数が必要

1タイムボックスでチームが開発できる量＝20日分

↓

必要なタイムボックス数＝8

| スプリント | スプリント | スプリント | スプリント | スプリント | スプリント | スプリント | スプリント |

1タイムボックス20日分のパフォーマンスを出せるチームの維持コストが必要

NEXT PAGE ➡

◯ 2つの見積もりの違いを理解しておく

さて、こうした全体感の見積もりは、開発の初期段階ほど「どの程度の機能を作ればよいか」わかっていない状況なので正確性の低いものとなります。見積もりの正確性が高まるのは、実際に作ってみて実績値を得てからです。つまり、タイムボックスを消化するごとに見積もりの修正を行うことで、徐々に着地の予測が正確になっていきます。このように実績でもって、粗い見積もりの正確性を段階に高めていくのがアジャイルな見積もりの考え方です。

これまでの開発とアジャイル開発、両者での見積もりの違いは何に影響するのでしょうか。使いどころを確認しておきましょう（図表54-4）。

▶ 2つの見積もりの違い 図表54-4

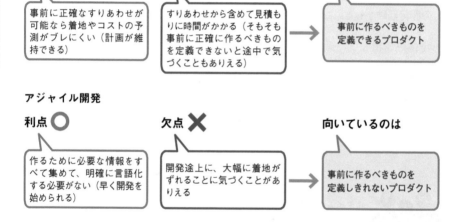

これまでの開発

利点◯

事前に正確なすりあわせが可能なら着地やコストの予測がブレにくい（計画が維持できる）

欠点✖

すりあわせから含めて見積もりに時間がかかる（そもそも事前に正確に作るべきものを定義できないと途中で気づくこともありえる）

向いているのは

事前に作るべきものを定義できるプロダクト

アジャイル開発

利点◯

作るために必要な情報をすべて集めて、明確に言語化する必要がない（早く開発を始められる）

欠点✖

開発途上に、大幅に着地がずれることに気づくことがありえる

向いているのは

事前に作るべきものを定義しきれないプロダクト

これまでの開発とアジャイル開発の見積もりでは、それぞれ利点や欠点、向き不向きがあるので、それを理解しておく

● 2つの見積もりを使い分ける

2つの見積もりの利点、欠点を理解したうえで使い分けましょう。ただし、気をつけておきたいのは、使い分けを単純に判断できない場合もあるということです。たとえば、「事前に作るべきものを定義できる」といえば、企業内で使う業務システムなどを想像するかもしれません。そうした判断ができる一方で、業務そのものがどうあるべきか定めきれないというケースもありえます。このような場合には、業務を対象とした仮説検証が必要となるでしょう。つまり、アジャイルな進め方のほうが適している可能性があります。

一方、「事前に作るものを定義しきれない」といえば、一般消費者向けのサービス開発などをイメージします。これもそのとおりである一方で、「まずは現時点で構想の最小限の範囲のプロダクトを作り、その後の検証を軸に構想を練っていこう」という考え方もありえるわけです。こうした場合は、必ずしも試行錯誤ではなく、最短で形作ろうという進め方になるでしょう。

さらに、見積もりの使い分けのための基準を示しておきましょう（図表54-5）。

▶ 見積もりの使い分け基準 図表54-5

		わかっている	わからない
何を作るべきか	**定義できる**	何を作るべきか、それをどう実現するか手段もわかっている ↓ **これまでの見積もりを採用する**	何を作るべきかはわかっているが、どう実現できるかはまだ見えていない ↓ **アジャイルな見積もりを採用する（全体感を見立てつつ、タイムボックスごとに調整する）**
	定義できない	何を作るべきかは定まっていないが、これまでの技術で実現できることは予想範囲内 ↓ **アジャイルな見積もりを採用する（特に全体感を見立てられるようにする）**	何も定まっていない ↓ **見積もりする意義が弱い。何が必要なのかを見立てられるようになるための活動（たとえば仮説検証）を優先**
		どう実現できるか	

何を作るべきかわかっているかどうか、それをどう実現するかがわかっているかどうかで見積もりの方法を検討する

55 [リリースプランニング、スプリントプランニング、デイリースクラム]

アジャイル開発は計画しない？

**このレッスンの
ポイント**

アジャイル開発では多種多様な計画作りを行います。リリースプランニング、スプリントプランニング、デイリースクラムの3つです。これらの計画作りの基本的な考え方を理解しておきましょう。

○ むしろ、アジャイル開発は頻繁に計画作りを行う

アジャイル開発で、日付ごとにやるべきことを記した細かいスケジュール表を見かけることはまずないでしょう。ただし、細かいスケジュール表を作らない＝計画をしない、ということではありません。むしろ、アジャイル開発では頻繁に計画作りを行います。根底にある考え方は、

作った計画に現実を合わせるのではなく、現実で起こる変化や開発を進めるなかで得られた理解に基づいて計画を変更するというものです。これをタイムボックスの長さに応じた、3種類の計画作りを織り交ぜて実現します。

3つの計画作りについてそれぞれの違いと狙いについて捉えましょう。

👍 ワンポイント　計画と計画作りの違い

「計画」と「計画作り」は似て非なる言葉です。計画とは可視化されたスケジュール表のこと。計画作りとはスケジュール表を作ることが目的ではなく、

その時点で把握している情報に基づき、どのように仕事を進めていくかの段取りにあたります。

● 大きな計画作り、小さな計画作り、その日の計画作り

アジャイルにおける計画作りとは、具体的には、大きな計画作り、小さな計画作り、その日の計画作りの3種類を指します。それぞれ「リリースプランニング」（図表55-1）、「スプリントプランニング」（図表55-2）、「デイリースクラム」（図表55-3）と呼ばれます。特にスプリントプランニングとデイリースクラムは、スクラム（レッスン41参照）の用語です。

それぞれ、その名の会議体を開催して、計画作りを行います。一方、リリースプランニングはスクラムには定義されていません。前のレッスンで説明した「全体感の見積もり」をもとにスプリント（タイムボックス）がいくつ必要か、そして着地は現実にはいつになるのか見立てを行うものです。

▶ リリースプランニング 図表55-1

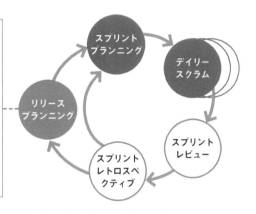

- スプリントを終えるたび、もしくは月に1回などの固定間隔を決めて行う
- リリースまでに必要なスプリントの数を算出し、リリース時期を予測する

残っている開発対象機能の規模
÷
スプリント単位で開発できる規模
＝
必要なスプリント数

リリースプランニングは、リリースまでの全体像を考える「大きな計画作り」となる

大きな計画作りは、開発の初期段階ほど予測がブレやすいものです。何回かスプリントをこなしたあとに、チームがどのくらいのスピードで開発できるかを計算し直し、必要なスプリント数を見立て直すようにしましょう。

● 3つの計画に共通すること

こうした計画作りに共通することがあります。それは「計画作りをする前に把握したこと」をもとに、「対応可能と思われる範囲を特定」するということです。状況を踏まえて、次にやることを決める。

シンプルなことですが、これを基本的な方針に据えることで変化に適応して進めることが現実的になるのです。一度見立てた計画に現実を頑なに合わせようとする考え方とは異なります。

▶ スプリントプランニング 図表55-2

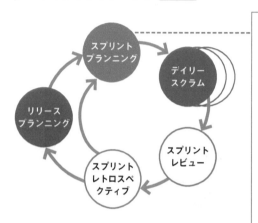

スプリントプランニングは、スプリント（タイムボックス）単位の「小さな計画作り」

▶ デイリースクラム 図表55-3

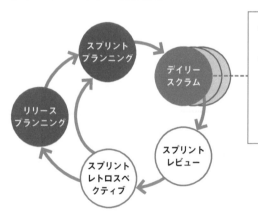

デイリースクラムは、「その日の計画作り」となる

● 着地の予測を高めていく

これら3つのプランニングが構造的な関係にあることで、チームの日々の活動をプロダクト作り全体に影響させられるようになっています。

このようにアジャイル開発では、見積もりも計画作りも、むしろ頻繁に行うことがわかると思います。1回きりの見積もりと計画作りでは、当たり外れが大きくなるでしょう。複数回見積もりをし、それに応じた計画を何度も立てるようにしたほうが、正確性を段階的に高められるはずです。簡単な理屈ですが、それだけに実践すれば結果に現れてきます。

ただし「アジャイル開発は頻繁に計画を変更する＝予定よりも遅れていきやすいのではないか」というメンタリティを開発チームの外側にいる関係者にもたらしやすいところがあります。計画作りの中身とともに、タイムボックスごとに行う着地の予測を関係者にも共有することで、状況への共通理解を得るようにしましょう。

▶ アジャイルな計画作りは構造化されている　**図表55-4**

開発対象の全体を収めるためスプリントの数を算出

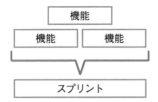

スプリントに収めるための機能対象を決める

1日単位で予定と現実を比べる

日々の活動が予定に収まれば、スプリントの計画も予定どおりになる。スプリントが予定どおりに終われば、全体のスプリント数も予定どおりのままとなる。つまり、1日単位での進み具合、問題発生の有無をフォローし、対処することが全体の進みに好影響を与えることになる

頻繁な計画作りが不確実な状況に対する見通しをやがてつけられるようにする、という考え方を関係者と共有しておきましょう。

[ドキュメント]
56 アジャイル開発は ドキュメントを書かない？

このレッスンの
ポイント

アジャイル開発ではドキュメントを書かないのか。これも昔からよく挙げられる疑問です。そもそもなぜドキュメントが必要なのか、その目的に立ち返るところから考えてみましょう。

○ アジャイル開発でもドキュメントは書く

アジャイル開発は作ることが表立つため、要件や設計などについてのドキュメント（文書）を書かないのではないかと思われることが多いです。これも結論からいうと、アジャイル開発でもドキュメントは必要に応じて書きます。まったく書かない、書いてはいけないということはありません。どういう場合に書くのかをこのレッスンで説明しましょう。

○ ドキュメント作成にまつわる不都合

ドキュメント作成はソフトウェア開発で槍玉に上がりやすいテーマです、大量に文章や図を描く必要があり作成自体にコストを要し、また一旦作成するとそれをメンテナンスし続けるためのコストがかかるといった具合です。ドキュメント作成にまつわるそのほかの不都合についてもまとめておきましょう（図表56-1）。

▶ 理解・伝達のためのドキュメントが抱える問題 図表56-1

- ・大量の文章や図表を書くのに非常にコストがかかる
- ・一旦作成したものを更新するのにコストがかかる
  ※何を作るべきか探索的に進めるプロジェクトだといちいちメンテしていられない
- ・文章ですべてを表現することがそもそもできない
  ※すべて言語化しようとするとコードに行き着く
- ・書いている方は少しずつでよいが、読む方は一度に大量の情報を受け止めることになりがちで全体像を理解し難くなる
- ・読み手の読解力に依存するため、憶測や誤解が生じやすい。会話で文脈の補完が必要になる

○ なぜ、ドキュメントを作成するのか？

そもそもドキュメントは何のために作成するのでしょうか。また、ソフトウェアを作るのに、文書で何を明らかにしたいのでしょうか。それは 図表56-2 のように大きく2つの理由があります。

図表56-2 の内容は一例です。それぞれ組織や現場や開発プロセスによってさまざまな呼び名のドキュメントがほかにもあるでしょう。ただし、共通して表現しているのは「何を作るべきなのか」と「ど

のようにして作るのか」のはずです。

こうしたドキュメントを作成し、最終的にはチームやチーム外の関係者との合意形成を目指します。何をどのように作るかの理解を揃えて、合意する。そのためには、WhatとHowどちらの場合でも、根拠として「なぜなのか（Why）」もあわせて明らかにしておくべきでしょう。目的が曖昧なドキュメントを作る必要はありません。

▶ ドキュメントを作成する目的 図表56-2

What を明らかにする （何を作るべきなのか）	**How を明らかにする** （どのようにして作るのか）
要求一覧 機能要件定義書 非機能要件定義書 ユーザーストーリー ユースケース など	基本設計書 詳細設計書 ER 図 テーブル定義書 画面・帳票レイアウト など

ドキュメントでは、何をどのように作るべきかを表現する

👍ワンポイント　ドキュメント自体のWhyを問う

ドキュメント自体が何を明らかにするためのものなのか、ドキュメントを作り始める前に問い直しておきましょう。もちろん、チームでそのWhyを共通理解しておくことが重要です。ムダなものを作っていた、ということがないようにしたいものです。

⭘「動くソフトウェア」で合意形成し、ドキュメントで補完する

さて、このようにドキュメントを捉えると「ドキュメントを書かない＝要件定義しない、設計しない」というわけにはいかないことがわかるはずです。アジャイル開発にすることで、開発に必要だった理解や合意形成がなくなるわけではありません。

では、アジャイル開発とそうではない開発の差は何なのでしょうか。アジャイル開発の場合は、理解や合意形成に「動くソフトウェア」それ自体を用いるところに特徴があります。ドキュメントによる事前の整理と定義に時間を費やすのではなく、作ったソフトウェアの振る舞いから、認識合わせを行う。認識が違っていた場合や、振る舞いから新たな発見（作るもの）があれば、次のタイムボックスで適応する考え方です（図表56-3）。

もちろんソフトウェアの動きだけで認識を揃えられないもの、揃えにくいものもあります。ビジネス上必要なルールの実装や、セキュリティ要件、要件上必要なデータ構造などです。一部は動作で確認できたとしても網羅的に見るためには、ドキュメントでまとめたほうがよいでしょうし、事前に認識を合わせておいたほうが齟齬が生まれにくいでしょう。アジャイル開発であっても、ドキュメントの方が認識が合わせやすいならば作成するべきなのです。

▶ 動くソフトウェアで認識を合わせる 図表56-3

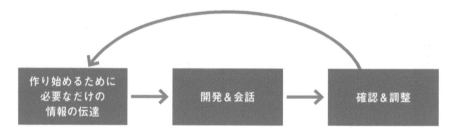

アジャイル開発では「動くソフトウェア」を開発し、ドキュメントで補完しながら合意形成していく

認識を揃えるのに、常に動くソフトウェアが有利なわけではありません。短い会話をかわすだけで揃う認識もあります。

● その後に関わる人のためにドキュメントを用意する

ドキュメントは作るモノの認識を揃えるためとは別に、作ったモノにその後関わる人たちの理解を助けるためという目的があります。一度作ったソフトウェアのライフサイクルが長くなると、最初の開発に関わったメンバーが卒業するのは珍しいことではありません。全体を見渡せるような見取り図やどういう思想で作り上げたのかという言語化が新たなメンバーにとっての理解の入り口となることで

しょう。また、「あとに関わる人」とは最初に作ったメンバーも含まれます。時間が経てば、自分で作ったモノでさえも、どのような理由に基づき判断をしたのかが忘却されるものです。

ひとしきり主要な機能を開発したあとや、実運用が始まるタイミングで、必要なドキュメントを作り残すことに取りかかりましょう。

▶ ドキュメント作りの作戦 **図表56-4**

> **モノづくりよりドキュメント作成を先行させる**
> ・ドキュメントとして何が必要になるかわからないため、作る範囲が広くなりがち
> ・作った分のメンテナンスがその後延々と発生する
>
> **モノづくりのあとにドキュメントを作成する**
> ・作ったあとなので「このソフトウェアをメンテナンスするために必要なドキュメントは何か」が判断しやすい
> ・作ったモノに基づいてドキュメントを作るため、内容を表すことに悩まない

> ドキュメントをいつ作るのか、関係者やチームの認識を揃えるために、プロジェクトの線表などに表現しておきましょう。

👍 ワンポイント　ドキュメントは思い出すための「目次」

コードで詳細を把握するにしても、どのような意図と構成でもってプロダクトを作っているか言語化しておくと、詳細を深掘りする際の探索の手間を減らすことができます。

57 アジャイル開発は要件定義しないの？

このレッスンの
ポイント

アジャイル開発でも何を作るべきなのか決める活動は重要です。アジャイル開発では、その時点で必要な範囲で「作るべきものは何か」、すなわち要件定義を定めます。その考え方について理解しておきましょう。

⭕ アジャイル開発でも作るべきものが何かは知る必要がある

要件定義は、プロジェクトやプロダクト開発で「作るべきものは何か」を定義するために行います。この定義がなければ、何を作るか自体を探索しながら開発を進めることになります。そうした目的を置いたプロジェクトでなければ、アジャイル開発であっても作るべきものは何かを決める活動は必要です。

ただし「まず要件定義に3か月から半年程度をかけてから開発を始める」ということにはなりません。こうした、これまでの開発における要件定義との差は何か考えてみましょう。

👍 ワンポイント　その要件定義のタスクは必要ないのか？

これまで実施してきた要件定義を何に置き換えているのかをチームで確認してみましょう。これまでの要件定義で実施してきたタスクのうち、アジャイル開発で対応できないものがあるとしたら、「ただ要件定義をやらない」という選択ではリスクを抱えるだけです。認識や理解を揃えるという行為自体が不要になるわけではありません。どういう手段で揃えるか、です。

● アジャイル開発の「要件定義」は2種類ある

アジャイル開発では、一度に広範囲の要件定義ではなく、その時点で必要な範囲と深さでの「作るべきものは何か」を定めます。

「その時点」は2種類あります。リリースプランニングの段階と、スプリント開発を進めるための準備の段階です。リリースプランニングの段階では作るべきものの「全体を知る」ために整理を行います。初期段階での把握のため、詳しくわからないところがあるでしょうし、むしろすべてを明らかにしようと詳細まで掘り下げるべきではありません（3か月以上かける要件定義と変わらなくなるでしょう）。あくまでおおよその全体感を得るために行います。

一方、これから始めるスプリントの段階では、作るべきものの範囲のうち「スプリント分を知る」ために行います。1週間や2週間程度の期間で、ある機能を作り切るわけなので、何を作るべきかは詳細までイメージできる必要があります。詳細にする分、その範囲は狭く、直近のスプリントのための分ということになります。

▶ 2つの要件定義 図表57-1

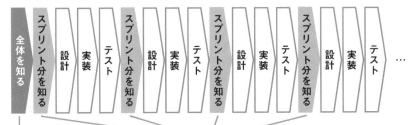

これまでの開発

要件定義 → 設計 → 実装 → テスト

アジャイル開発

全体を知る｜スプリント分を知る｜設計｜実装｜テスト｜スプリント分を知る｜設計｜実装｜テスト｜スプリント分を知る｜設計｜実装｜テスト｜スプリント分を知る｜設計｜実装｜テスト…

**全体を知る要件定義
（リリースプランニング段階）**

目的は、おおよその全体感を把握し、必要なスプリント数を見立てるため（前レッスンで解説したように最初は「おおよそ」で、段階的に見立てを正確にしていく）

**スプリント分を知る要件定義
（スプリントの準備段階）**

目的は、直近のすプリントでの開発をやりきれるようにするため。スプリント開発が始められる＝完成のイメージがついている状態を目指す

● チームとプロダクトによって「要件定義」の深さは決まる

さて、開発するものを定めるにあたって、アジャイル開発ではどんな方法を用いるのでしょうか。その方法として、ユーザーストーリーを用います（レッスン31参照）。文書を頭から最後まで読みきらないと全体像がつかめないような要件定義書では、スプリント開発の運用がしづらくなります。ユーザーストーリーになるように、リスト形式に落とし込めて、なおかつ1つ1つの作るべきものについて要点を把握できる表現形式が求められます。ただし、ユーザーストーリーの記述だけで機能を作り切るには情報が足りていません。足りない情報は、スプリント準備段階やスプリント中での会話、そのほかのドキュメントによって補完します。

このように、作るべきものをどの程度の粒度まで決めておくかは、チームの練度や作るものの複雑さに依存します。「どこまで詳細にしておけばプロダクトを作ることができるか」で要件定義の深さは決まるということです。チームやプロダクトによっては、文書による定義も必要になるでしょう。

▶ 要件定義の深さの決め方 図表57-2

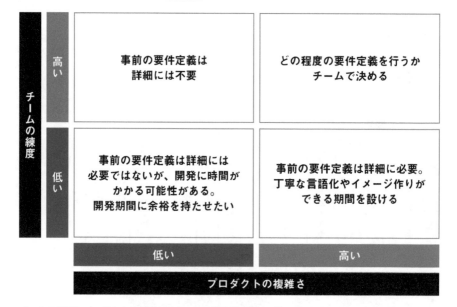

チームの練度とプロダクトの複雑さによって要件定義の深さが決まる

● チームの練度に合わせて決め方を変える

チームやプロダクトによって「どこまで決めておくべきかが変わる」ということは、プロジェクトを立ち上げるたびにほぼ毎回定義が必要になるということです。また、継続的に開発するような場合は、チームの練度が高まるため要件決めの内容を簡易にする方向もありえます。

たとえチームの練度が高まったとしても、「最初に決めたから」といって、そのやり方に固執してしまうのはむしろ上手い開発とはいえません。ふりかえりの機会を利用して自分たちのやり方を棚卸して、どうやるとより効率的で効果的な開発となるか、捉え直しましょう。

▶ 練度に応じて要件定義の決め方は変わる　図表57-3

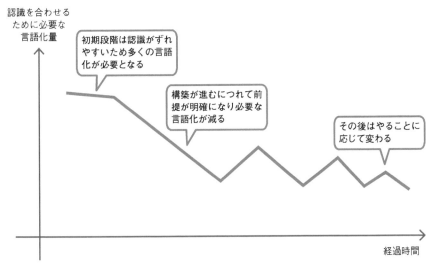

継続的に開発を行う場合は、経過時間とともにチームの練度は高まっていく。そして練度の高まりに応じて要件定義の決め方を変えていく

言葉だけでは作るべきもののイメージがつかないことが多いでしょう。プロダクトのUI（ユーザーインターフェース）について、ラフなビジュアルを描いてイメージを持てるようにしましょう。

58 [不確実性]
アジャイル開発は設計しない？

アジャイル開発になったからといって、設計という行為そのものがなくなるわけではありません。作るための設計は必要です。要件定義と同様にその行為の粒度とタイミングを分けて考えましょう。

● 全体と部分で分けて設計に取り組む

アジャイル開発は、全体と部分の双方に適した状況作りを繰り返すあり方ともいえます。プロジェクトやプロダクトの全体に影響を及ぼし、誤ると手戻りになるような観点と、スプリントという分割された期間のなかでの活動にできる観点です。前者はプロジェクトやプロダクトに関する特定のテーマの単位での取り組み、後者はスプリント単位で取り組むイメージです（図表58-1）。

フレームワークが決まっていなければ、個別の機能を開発する段階にはありません。また、主要なデータの全体像が見えていなければ、スプリントを進めるたびに最適化のための手戻りが発生しかねません。

一方、機能単体の設計は、スプリントを進めるのに必要な範囲で進めていくことができるはずです。

▶ 全体と部分で分けて設計すること 図表58-1

全体（プロジェクトやテーマ単位での繰り返し）
・リリースプランニング及びそれに必要な作るべきものの整理
・アーキテクチャ設計
・プロダクトの情報設計
・概要レベルのデータモデリング、ドメインモデリング
部分（スプリント単位での繰り返し）
・スプリントに必要な作るべきものの整理（開発可能にする）
・機能やデータの設計
・UI デザイン
・作ったモノに基づいてドキュメントを作るため、内容を表すことに悩まない

● 全体の決定を遅らせられるようにする

こうした全体と部分の区分けはどのような観点で行うべきなのでしょうか。何を作るべきか定めにくいようなプロダクト、いわゆる不確実性の高い状況では、全体を決めるには情報が足りていない場合がほとんどです。そうした状況で早期に全体を決めきろうとすると、後々の手戻りを招くことになります。

不確実性への適応は、昨今のプロダクト開発における重要なテーマといえます。このテーマに対して、設計の進化が大きく貢献することになります。たとえば、SPA（Single Page Application。単一のペー

ジで表示コンテンツを切り替える方式）をはじめとしたフロントエンドとバックエンドでアーキテクチャーを分割する方式を採用することで、フロントとバックそれぞれで設計を分けて進めることができます。インフラ環境も、開発初期段階はPaaS（Platform as a Service の略。プロダクトを実行するためのプラットフォーム）を利用して手軽に立ち上げて、Produciton環境（プロダクトを動かす本番環境）は時間をかけて設計するといった進め方も可能です。

▶ **全体の決定スピードは不確実性に依存する** 図表58-2

全体の決定

早い

早期に決定しても
手戻りが少ない

できるだけ全体の
決定を遅らせたい

遅い

不確実性

低い（確実性高い）　　　　　　　高い

全体像が見えていない（不確実性が高い）状態では、全体の
決定を遅らせられる手段を選ぶなどの対応をする

全体の決定を遅らせられるように
するのは、不確実性の高い時代が
求める要件ともいえます。

59 アジャイル開発は テストしない ？

このレッスンの ポイント

> アジャイル開発のテスト戦略には、有名な**4象限での捉え 方**があります。まずはこのフレームを理解し、そのうえで <u>自分たちのプロダクト開発に適した</u>**テスト戦略**を立てまし ょう。

○ タイムボックスごとに検査が必要

アジャイル開発ではタイムボックスごと に成果物をアウトプットしていきます。 それは、少しずつ動く機能が増え、積み 重ねていくということです。つまり、新 たに追加した機能の動きに問題がないか、 またこれまで正常に動いていた機能に悪

影響を及ぼしていないかをタイムボック スごとに検査する必要があるわけです。 アジャイル開発の場合、むしろ頻繁にテ ストを必要とすることがわかるかと思い ます。これまでのフェーズによる開発と の違いを整理しておきましょう。

▶ フェーズによる開発とタイムボックスによる開発の違い 図表59-1

フェーズによる開発
・フェーズ単位でテストを行う
　（単体テストフェーズ、結合テストフェーズ、システムテストフェーズなど）
・対応するフェーズで決めたことが正しく反映されているか、動作するか確認する
　（要件定義フェーズ→システムテスト、基本設計フェーズ→結合テスト、詳細 設計フェーズ→単体テスト）
・テストのスケジュールは立てやすいが、妥当性の検証がプロジェクトの後半ま で行えない。結果、不具合の検知があとになる

タイムボックスによる開発
・タイムボックス単位でテストを行う
・該当のタイムボックスで決めた開発対象の機能分だけ、期待する動作になって いるか確認する
　（開発チーム、受け入れ担当の両サイドでそれぞれの観点でテストする）
・開発をしたその直後に動作の検証が行えるため、仕様の認識違いや不具合の検 知が早めに行える

● アジャイル開発のテスト戦略

では、どのようなテストの種類があるのか把握しておきましょう。アジャイル開発でよく使われるテストの4象限を示しておきます（図表59-2）。

4象限のうち左側が開発を支援するテストで、右側がプロダクトを検証するためのテストです。さらに上側の象限はビジネス観点でのテスト、下側は技術観点でのテストという分類になっています。この4象限を使って、自分たちが計画しているテストで不足している観点がないか確認し、適宜テストの追加を行います。

タイムボックスごとにテストを行うということは、既存の機能に影響がないか（レグレッションテストと呼ぶ）毎回同じテストケースを使って確認しなければならないことになります。テストに要する時間的コストが大きく見えてしまうと、既存機能の改善（リファクタリング）に二の足を踏みがちになり、結果としてプロダクトの改善が進まないことにもなります。安全にプログラムに手を入れていけるよう、アジャイル開発ではテスト実行と検査の自動化が重視されます。

ただし、テストの自動化自体にもコストはかかるため、自動化の対象を選びましょう。まずはプロダクトの土台部分の品質を維持するために、4象限のうちQ1の自動化をできる限り行いましょう（Q1レベルの品質が壊れている状態ではいくらQ2のテストを行っても品質を確保することは難しいでしょう）。加えて、Q2のビジネス観点でのテストケースなど、領域を広げて行くようにしましょう。

▶ **テストの4象限** 図表59-2

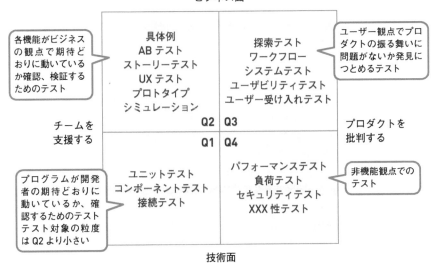

どの観点でどこまでどんなテストを行うのかチームで議論し、自分たちのテスト4象限を定義する

60 アジャイル開発は本当にできるのか？

**このレッスンの
ポイント**

開発をアジャイルにしていくことの難しさは、多くの方が
感じているところでしょう。この難しさは何によるものなの
か？ まずはその要因を捉え、それを踏まえて乗り越え方を
講じることにしましょう。

⭕ アジャイル開発の難しさとは

ここまでアジャイル開発を学んできて、
自分のチームや現場、さらには組織に果
たして適用できるのか、漠然とした不安
や難しさを感じている人がいるかもしれ
ません。アジャイル開発の考え方と振る
舞いを身につけていくことは容易ではあ
りません。アジャイル開発が見出されて
から今日に至るまで、海外から日本まで
世界中の熟達した開発者、チームが実践
と失敗を積み上げてきた歴史があります。

アジャイル開発を学ぶことは、そうした
知恵の積み重ねを会得しようとするもの
なのです。

アジャイル開発の適用を難しく感じる理
由は大きくは3つあります（図表60-1）。
つまり、考え方から行動までの変化が求
められ、なおかつそれをチームや組織と
いった集団で取り組んでいくところにア
ジャイル開発の難しさがあります。

▶ **アジャイル開発の難しさ** 図表60-1

1. これまでとは異なるマインドセットが求められる
「できるだけ失敗しないようにやる」というマインドセットではなく
「失敗から学びを得て適応する」というマインドセットに立つ

2. 振る舞いには相応の練度が必要
状況に適応するために、反復的（イテレーティブ）、漸次的（インク
リメンタル）というスタイルを身につけることが求められる（プロ
セスとエンジニアリング両面において）

3. チームの協働が前提
アジャイルな振る舞いを誰か1人ではなく、チームとして体得し、
チーム内外でなめらかな協働が必要

○ 段階的な広げ方と守破離での深め方

いきなり組織を丸ごと考え方から変えていこう、というのは勇気ではなく無謀です。人間が幼子の段階から学びを得て熟達していくように、アジャイル開発も段階で捉えましょう。

難易度を下げるために、最初はまず1人から。1人からできることを始めて、まず自分の練度を高めていくようにしましょう。その次が、チームです。その先に組織を。

なおかつ、各段階においてもいきなり無防備に取り組むのではなく、型を用いま

す。先に述べたようにアジャイル開発は先人の知恵の積み重なりです。すでにある型を学び、まずは小さな範囲でタイムボックスを切って実践する。その実践からさらに学びを得て、次に向けて取り組みを修正する。やがては型から離れて、それぞれの状況に適した振る舞いを形作るような進め方です。これは日本に昔からある技芸の道を修得するための思想「守破離」に則るものです。段階的な広げ方と守破離での深め方によるイメージを 図表60-2 に示します。

▶ 段階的な広げ方と守破離での深め方 図表60-2

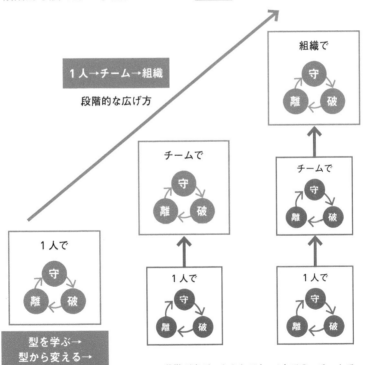

段階が広がったあとでも、1人での、チームでの守破離は続く。それぞれが得た学びが次の段階での実践を支えることになる

● 広げ方と深め方の具体例

参考として、具体例（**図表60-3**）も見ておきましょう。1人の段階では、まず自分ができそうなことから取り組み始めましょう。第1章でアジャイルの源流の1つに「カイゼン」があると説明しました。ゆえに、最初はカイゼンのための「見える化」にまつわる活動から取りかかるとよいでしょう。見える化の活動は1人でも始められるためです。そして、活動が馴染んできたら、より自分の仕事やプロジェクトにフィットするように内容を変えたり、自分自身で工夫を編み出していきましょ

う。こうした深掘り方はチームや、組織段階になっても同様です。

1人から始めた見える化は、チームでのスクラムの取り組みの礎になります。見える化の思想と方法が、スクラムで重視する透明性（チームの活動を把握するのに手間を必要としない）の実現を下支えすることになるからです。

そうして1つのチームで取り組んで得られたアジャイルの知見をほかのチーム、部署へと伝播させていくわけです。

▶ **段階の一例** 図表60-3

	1人で	チームで	組織で
守	見える化のためのプラクティス（例:タスクボード、朝会、ふりかえり）を1人で始める	スクラムを1つの開発チームで始める	スクラムをほかの開発チームや開発ではない部署でも始める
破	見える化のプラクティスの中身や運用を変える（例:タスクボードの細分化）	スクラムイベントのタイムボックスを変える（例:スプリントは1週間、レトロスペクティブは2週間）	チーム、部署によってスクラムかカンバンか運用を選択する
離	自分の仕事にあわせて見える化プラクティスを作る（例:過去のふりかえりだけではなく未来に向かって向き直る）	スクラムとカンバンを組み合わせて運用する	自分たちの組織のプロセスを定義する

どのような段階を描くのか、1人で考えきるのは難しいでしょう。組織内外を問わず、アジャイル開発の経験者と相談するのは1つの手です。

● 段階の青写真を言語化しておく

こうした段階の具体的イメージを言語化、図式化しておくと、チームや組織内で受け止めてもらいやすくなります（この言語化自体が見える化にあたるわけです）。逆にこうしたイメージが表現されていなければ、得体のしれない、先の見えない活動に組織や周囲の関係者からの合意が得られにくいでしょう。ともに取り組むチームメンバーにとっても展望についての理解の共有が足りず、目の前の活動への動機づけが弱くなる可能性もあります。段階の青写真を描いて、見えるようにしておくことは思いのほか重要です。

ただし、段階を追うなかで具体的にやるべきことは変わっていくはずです。もちろん、段階を経ていく過程で、青写真をアップデートしながら進めていくべきです。そうした学びを取り入れていくこと自体が変化への適応といえます。

▶ 段階の青写真の例とアップデートタイミング 図表60-4

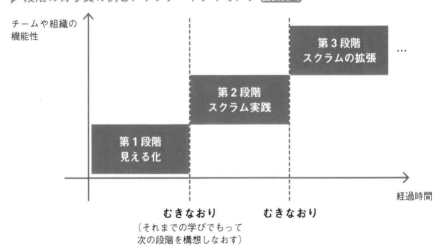

チームや組織の展望を見える化しておく

さて、次で最後の章になります。アジャイル開発の学びを広げていくための準備を整えましょう。

⚠ COLUMN

問いを立てる

自分たちの成長を段階的に捉えて、適した活動を行う。言葉としては平易ですが、実際に取り組むには難しいものです。当事者としているなかで、自分たちがどのような段階にあって、次はどこへ向かうべきなのか。外から自分たちを捉えるような視点が必要なります。

チームの外の誰かが正解を持っていて、こちらを眺めながらつど次に選択するべき答えを教えてくれたら簡単なのですが、そういうものではありません。他者から見たフィードバックはあったとしても、一方的に「こうすることが正しい」と断定できるほど、チーム作りもプロダクト作りも単純なものではありません。あくまで、自分たちで考え、判断し、行動することが前提です。

では、私たちは「外から自分たちを捉える視点」をどのようにして得ることができるのでしょうか。それは「問いに向き合う」ことです。自分たちで問いを立て、それに定期的に答える。問いは、自分たち自身の思考や行動を捉え直す、考え直すようなものになります。たとえば、「われわれはなぜここにいるのか？（＝どのようなミッションを果たすためにここに集まっているのか）」であったり、「正しいものを正しく作れているか？（＝ユーザーに必要とされないものを作ってしまっていないか）」などです。こうした問いも、自分たちで選ぶようにしましょう。より自分たちを奮い立たせ、行動を促すような問いは、チームや組織によって異なります。自分たちが頼むに足る問いを探し、見つけ出すことが必要です。

さて、答える問いが同じであっても、そのたびに答えが変わる可能性があります。それは、自分たちが置かれている状況や自分たち自身が変わり、成長している場合に起きます。問いにいくら向き合っても答えが変わらない、新たな発見がないのは、問いのせいではないかもしれません。

その状態自体が、本当に望ましいことなのかを問いかけるようにしましょう。

Chapter

8

アジャイル開発は
あなたから始まる

さて、いよいよ最後の章です。
アジャイルな開発、チーム、組織
へと踏み出す最初の一歩はここか
ら始まります。アジャイルへの取
り組みを始めるのは誰なのか？
最後の問いに向き合いましょう。

61 素直な声に耳を傾けよう

このレッスンの
ポイント

日本におけるアジャイル開発の歴史とは失敗の歴史だった
といってもよいでしょう。失敗の積み重ね、その学び合い
から、少しずつ開発をアジャイルにするあり方が形作られ
てきました。

○ アジャイル開発は失敗の歴史

日本でもアジャイル開発の一種であるXP
（エクストリームプログラミング）の翻
訳本が発刊され、その後アジャイル開発
の考え方が広く届けられるようになった
のは、2000年代初頭のことです。以降、
開発をアジャイルにする試みが、先達者
たちの手によって牽引されました。ただし、

その試みは、苦戦の歴史だったといって
よいでしょう。筆者自身も、失敗を積み
重ねてきました。日本の現場でアジャイ
ル開発が失敗してきた理由は何だったの
でしょうか。ここではその理由を3つ挙げ
ます（図表61-1）。

▶ 3つの理由 図表61-1

1. 受託開発や SI での合意形成の難しさ
2. ほかの現場プラクティスをそのまま適用してしまう
3. 経験者不足、経験者の偏り

1つ1つ見ていき
ましょう。

👍 ワンポイント 組織の過去の取り組みをひもといてみる

たいていの組織がアジャイル開発の取
り組みを行っていたり、検討していた
りすることがあるはずです。過去にど

のようなことが考えられ、壁にあたっ
たのかひもとくことで問題への備えが
できることでしょう。

● アジャイル開発が失敗してきた3つの理由

1つ目は、受託開発やSIでの合意形成の難しさです。2000年代の日本の開発シーンは受託開発やSIが中心で、こうした文脈でのアジャイルの適用が多くの場合の出発点でした。受託開発やSIでは、請負契約が主流であり、開発を進めていくなかで発生する変更をどこまで受け入れるのかの合意形成を非常に難しくしました。

2つ目は、ほかの現場プラクティスをそのまま適用してしまうことです。最初は海外からのプラクティスを導入しようとして、適用の文脈や背景が異なるため上手くいかないという問題に直面していました（契約はまさにその1つですね）。ただし、海外かどうか以前に、そもそもほかの現場のプラクティスをそのまま自分たちの現場に適用しようとしても、前提が合っていなければ、上手く機能しません。

そして3つ目は、経験者不足、経験者の偏りです。アジャイル開発の実践を支えるものの1つに経験者の存在があります。アジャイル開発が考え出されてから20年近く経ち、日本でも経験者は増えてきています。ただし、人材が集まりやすい領域（インターネットサービス）に経験者が集まり、SIの領域には経験者が流動していかない状況が生まれていると考えられます。

こうした状況も、今日に至っては進展してきています。それは、さまざまな現場やチームでのアジャイル開発の取り組みの積み重ねと、現場や会社を越えた知見の共有（コミュニティや勉強会での発信、人材流動による伝播）によるものと筆者は考えています。

▶ 3つの理由とその背景 図表61-2

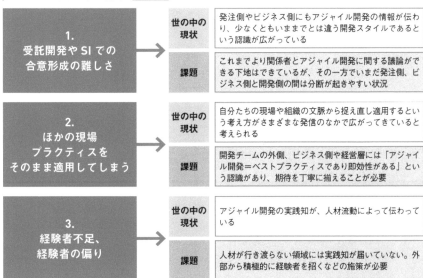

1. 受託開発や SI での合意形成の難しさ	世の中の現状	発注側やビジネス側にもアジャイル開発の情報が伝わり、少なくともいままでとは違う開発スタイルであるという認識が広がっている
	課題	これまでより関係者とアジャイル開発に関する議論ができる下地はできているが、その一方でいまだ発注側、ビジネス側と開発側の間は分断が起きやすい状況
2. ほかの現場プラクティスをそのまま適用してしまう	世の中の現状	自分たちの現場や組織の文脈から捉え直し適用するという考え方がさまざまな発信のなかで広がってきていると考えられる
	課題	開発チームの外側、ビジネス側や経営層には「アジャイル開発＝ベストプラクティスであり即効性がある」という認識があり、期待を丁寧に揃えることが必要
3. 経験者不足、経験者の偏り	世の中の現状	アジャイル開発の実践知が、人材流動によって伝わっている
	課題	人材が行き渡らない領域には実践知が届いていない。外部から積極的に経験者を招くなどの施策が必要

⬤ アジャイル開発の現代における姿

アジャイル開発が伝わり始めて、誰もが迷いながら試行を繰り返していた頃に比べると、現代のアジャイル開発の実践について、悲観的になる必要はないように筆者は感じています。それは、これまでの開発のあり方ややり方に疑問を感じて、その反動からアジャイル開発を始めようとするスタンスよりも、もっとカジュアルに1つのやり方、あり方を試す感覚が、現代の日本の現場にはあるように思うからです。これは20年前、現場前線でアジャイルの実践が上手くいかず臍を噛んでいた人たちから、現場の中心が相対的に若い世代に移ってきたことによると考えています。

アジャイルを現場の救世主とみなす過度な期待から、1つの選択肢としての取り組みへ。「少しずつ適用する、自分たちで試す」という考え方は本来新しい取り組みを行うにあたって、自然なスタンスといえます。そうした力の抜き加減が、世代が変わることで起きているのが、現代の日本の現場なのではないかと見ています。

できそうにもないことに無理やりコミットしたり、事を起こす前に想像だけを頼りに意思決定してしまったりするようなあり方は、素直に考えれば不自然といえます。自分自身のなかに湧き上がる素直な声に耳を傾けて、自然体で行く。それがアジャイル開発の現代における姿なのではないでしょうか。

もちろん、いまもアジャイルから遠い状況にあり、その実践の困難に直面している現場や組織も数多いはずです。この本を足がかりにして、実践の一歩を進めてもらいたいと思います。

👍ワンポイント これから始めようとする人たちへのフォローアップ

これまでアジャイル開発に取り組もうとしても取り組めなかった、あるいは、失敗してしまった経験を持っている人は、これから始めようとする人たちのフォローアップをお願いしたいところです。時が流れ、昔はなかなか理解されなかったことも、いまは違ってきているところがあるはずです。もちろん、組織的に取り組むためには乗り越えなければならないことも多々あるはずです。かつてはうまくいかなかったとしても、そのときの経験がまた活きる可能性もあります。

● 巨人の肩に乗りながら、時には飛び降りる

こうしてアジャイル開発の知見を手にできるのは先達の実践と研鑽、発信の積み重ねがあればこそです。いま現場の前線にいる人たちは、その積み重ねの上に立ってソフトウェア開発を始められます。先達が1年、2年とかけてきたことを1か月いや1日で取り組み、結果を出すこともできるわけです。こうした過去の学びを利用する考え方を「巨人の肩に乗る」といいます。おおいに肩に乗って、前進していきましょう。それが知見を残し、発信してきた人たちの願いでもあります。

一方、巨人の肩に乗っていて見通しが効きにくい状況に直面したら、皆さんにはそこから飛び降りることも選んでもらいたいと思います。これまでの前提や考え方、やり方にしがみつく必要はありません。いかに過去から積み上げてきた学びといっても、それがこれから先も有効であるという保証は何もありません。むしろ、誰も正解を持ち合わせていない時代においては、これまでの考え方にとらわれず、自ら仮説を立て検証して選択肢を選んでいく姿勢が必要です。何か1つの考え方に固執していると、その様子や判断には違和感があるものです。そうした違和感をなかったことにするのではなく、むしろ敏感に捉えることが変化のきっかけになります。難しいことではありません。ただ自然体で、自分たちのやり方とあり方を選択していきましょう。

私たちは巨人の肩に乗り、そして飛び降りるということをそれぞれの世代で選択し、それを繰り返しているという見方ができます。ただ唯一の常に正解となるものはありません。皆さん自身で、考え、選んでいく道を歩んでもらいたいと思います。

👍 ワンポイント　感覚も大切にする

この本を通じて、「目的から考える」ことの大切さを学ばれたはずです。その一方で、感覚的な違和感についても逃さないようにしましょう。論理よりも先に、感性が取り組んでいることの不適合さを教えてくれるというのは少なくありません。

アジャイル開発の学びを深める、広げる

このレッスンの
ポイント

いよいよアジャイル開発を学ぶレッスンも大詰めです。ここではアジャイル開発の学びを深めていくための実践手法を紹介します。この本を閉じたあとに、まずは自分1人から、そしてチーム、組織へと学びを広げていきましょう。

○ アジャイル開発の学びを深める

この本を閉じた後、何から始めるとよいか。この本で知った内容をさっそく現場で試してみることを勧めます。レッスン60で述べたように、まずは1人から始めてみるならば、肩の荷も重くはないはずです。

アジャイル開発には数多くの書籍があります。こうした書籍は知見の塊であり、もちろん読み進めてもらいたいと思います。ただし、書籍の内容はあくまで知識です。知識は蓄えているだけでは自分自身のものにはなりません。知識を増やすことと実践の間のバランスを取ることに気をつけてください。

1人で、あるいはチームで実践したら、ふりかえりで学びの棚卸しをするようにしましょう。実践は大事ですが、やりっぱなしでは学びは深まりません。何をしたら、どういう結果や状態になったのか、認識し理解するための機会がふりかえりです（図表62-1）。

ふりかえりでは、次にやること／やりたいことが見えてくるはずです。そうした内容を踏まえて、「ある効果を狙って取り組むこと」を定義しましょう。

▶ 経験を中心にした学習モデルを運用する 図表62-1

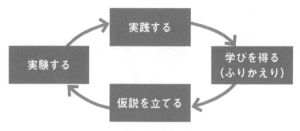

実践し、ふりかえりで学びを得、仮説をもとに実験して、さらに実践するという学習モデルで運用する

○ アジャイル開発の学びを広げる

さて、学びを広げる方法も捉えておきましょう。学びを広げる狙いは、自チームだけでは得られない知見をほかのチームから学び得る機会を作ることです。それは逆に、自分たちが学んだことをほかのチームに伝える機会でもあります。学び合いの場を作ることで、チーム間、組織内に知見を広げていきましょう。

こうしたチームや部署を横断する学び合いの場を「ハンガーフライト」と呼びます。ハンガーフライトの語源はもともと、飛行機乗りたちが空を飛ぶための知見を格納庫（ハンガー）に集まって伝えあったことに由来しています。ソフトウェア開発の現場にも、こうした習慣を持ち込みましょう（図表62-2）。

さらに、学び合いができる場は組織の外にもあります。コミュニティやカンファレンスです。コミュニティが主催する勉強会やカンファレンスに参加し、ほかの組織の取り組みからも学びを得ましょう。そうした場の運営は、自発的に行っている場合が多いものです。最初は参加しているだけかもしれませんが、できることなら場の運営に協力していきましょう。些細なことであっても、運営側にとっては助かります。そうしたことで得られる組織の外との関係は、さらに次のつながりになることもあります。人とのつながりは思いがけないところで、自分の支えになることがあります。大切にしましょう。

また、ただ聴講しているだけではなく、自チームの知見も共有していくようにしましょう。あなたの学びの共有を、ほかの現場の皆も待っています。

そのようにして、日本のアジャイル開発は研鑽されてきたのです。

▶ 開発の現場におけるハンガーフライト（学び語り）図表62-2

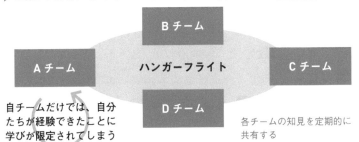

Bチーム

Aチーム　　ハンガーフライト　　Cチーム

Dチーム

自チームだけでは、自分たちが経験できたことに学びが限定されてしまう

各チームの知見を定期的に共有する

運用イメージ:
・頻度は月1〜2回程度、2〜4時間
・各チームから
　「いまやっていること、状況」「直面した課題や目標」「実践した工夫」
　「その結果と学び」について語ってもらう
・語りについてほかのチームからフィードバックを行い、学びを深める。
　時間内で語りを回していく

63 アジャイル開発を始めよう

このレッスンの
ポイント

> これからアジャイル開発を始めるあなたに伝える、最後の
> レッスンです。これまで学んで得たことをきっかけとして
> アジャイル開発を始めようと思ったのであれば、ぜひあな
> たから「越境」してください。

◯ アジャイル開発はいつ誰が始めるのか

現場や組織がアジャイルに向かっていく活動は、どこから始まるのでしょうか。組織のマネージャーでしょうか。それともチームのリーダーでしょうか。あるいは、現場に招かれたアジャイルコーチによってでしょうか（図表63-1）。アジャイル開発は、特定の役割に起因するものではありません。

それでは、十分な経験を積んだ人物が現場に流動してくるのを待ち続けなければならないのでしょうか。救世主がいつかやってくるのをただ待っているほど人生は短くありません。

この本を手にしてここまで読み進めてきた方は、開発と組織をアジャイルにしていこうという思い、あるいは取り組む必要性があると感じている人だと思います。アジャイルに向かい始めるのに必要なものとは、そのような意志です。

▶ アジャイル開発の起点 図表63-1

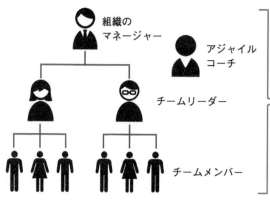

組織の
マネージャー

アジャイル
コーチ

チームリーダー

チームメンバー

特定の役割に
起因しない

アジャイル開発は、特定の
役割に起因するものではな
く、よりよい開発にしたい
という意志によって始まる

⬤ 受け継がれる越境

実際のところアジャイル開発では、確かなエンジニアリング、プロセスや協働に対する練度など求められるレベル感は高いものです。ただし、それ以上に障壁となるのは、「これまでこうしてきた」「これまでのやり方」「これまでの考え方」といった「これまでの認識」から生じる現状維持への重力です。人の考えや行動は、そう簡単に変わるものではありません。それに、不慣れな世界へと踏み出すことや変化への抵抗もあります。

そうした重力を断ち切り、それでも一歩踏み出す行動のことを「越境」と呼びます。最初の越境を支えるのは、「もっとよりよい仕事をしたい」とか「自然な選択と意思決定をしたい」といった自分自身のなかから沸き立つ意志にほかなりません。

越境を始めるのに人数は関係ありません。1人から始められます。1人から始める分、失敗したとしても影響の範囲は限定的です。つまり、一歩踏み出すために1年も2年も準備に時間を費やす必要はなく、明日からでも始められそうなことにまずは1人で取りかかることができる。その実践から自分自身で学び進めていくことがで

きるということです。

越境は、ただ物事が進むだけではありません。必ず何らかの結果が生まれ、それを発信することで、他者を巻き込んでいく引力にもなります。あなたが、実践から得た学びを1人占めすることなく積極的に提供していくことで、あなたの成果に人は集まるのです。

最初の一歩は1人で始められたとしても、アジャイルなあり方に向かうにはチームの協働が不可欠です。1人でできることには限界があります。まとまった成果を得るために、チームや組織を巻き込んでいくことを最初から思い描いておきましょう。

アジャイル開発は失敗の歴史、積み重ねであるという話をしました。それはつまり、あなたより先に、数多の人たちがすでにそれだけの数の越境をしたということなのです。

アジャイル開発はいつ誰が始めるのか。その答えはもう出ています。アジャイル開発の積み重ねに次の越境を重ねるのは、この本を閉じたときから、あなたから始まる。

> この本で紹介した数々の内容は数多の現場やチームの実践のうえで成り立っています。皆さんの次の実践がその上に乗り、さらに次にアジャイルに取り組む人たちの実践への後押しとなるのを、願っています。

❗ COLUMN

誰に向けた「やさしさ」なのか？

アジャイル開発の本は、すでに数多く発刊されています。なぜ、ここにきてアジャイル開発の本をまた1冊積み上げようとするのか。しかも、「いちばんやさしい」「教本」としてです。私（市谷）がこの本作りを思い立ったのは、日本各地の開発現場を回ったあとのことでした。東京だけではなく、地方の開発現場を。またベンチャーだけではなく、大企業が関わるプロダクト開発に。さらに民間だけではなく、中央省庁の手がけるソフトウェア開発と幅広く関わった結果、現代の日本の現場にはアジャイル開発の知見がまだ十分に届いているとはいえないと感じました。

これだけ数多くのアジャイルに関する発信があるなかで、いまだ届いてないということは、これまでの伝え方とは異なる表現を講じる必要があるのだろうと考えました。定番のアジャイル開発の歴史的経緯の説明から始めない。海外の文脈ではなく日本の文脈のもとで説明する。原則論を威圧的に並べるのではなく、平易な表現や例でもって本質を伝える。そう、この本は趣味の勉学ではなく、現場で取り組むために手に取られるはずです。やさしくありながら、実践につながる内容に仕立てる必要がありました。

それは、いままでそうした類書が存在しなかったことが示すように、容易なことではありません。そもそも、アジャイル開発をテーマにして「いちばんやさしい」「教本」と銘打つのは、古くから向き合っている者だけに緊張感が芽生えることでもあります。本論で述べたように、アジャイル開発にはコミュニティが積み重ねてきた歴史があります。過去とつながりながらも、現代の現場で挑戦する人たちが受け止められるものにしなければなりません。

私は、冒頭で書いたさまざまな開発現場で出会った人たちの顔を思い浮かべながら、この本を作りました。彼、彼女たちが、「ああ、よかった。こういう本がなかったんですよね」と笑みを浮かべてくれるように。本書の内容や表現について、古くからアジャイルを学び、取り組んできて人たちにとっては、少々違和感を持つところもあるかもしれません。ですが、この本の「やさしさ」とは、いまだアジャイルに一歩も踏み出せていない現場にとってやさしさなのです。

> 彼、彼女たちのたとえ小さくともその一歩は、それぞれの組織、現場にとってエポックメイキングな出来事になりうるものです。ひいては、日本を変える一歩になるかもしれない。そんな夢を描いて、ともに越えていきましょう。

おわりに

この書籍はWhy、How、What、StepUpという流れで構成されており、「チーム」「インクリメンタル」「イテレーティブ」という3つの軸を各章に散りばめながら、展開してきました。物事の本質を疎かにしないように意図したことなのですが、執筆の工程はたやすくはありませんでした。プラクティス集やエンジニア用語の押しつけになってもいけないからです。書きたいことより伝わるために、現場の問題にフォーカスし自分たちの現場の事例を交え、言葉や単語を研磨する日々となりました。

この書籍からその思いを少しでも受け取ってもらえ、アジャイル開発に対する霞や雲が少しでも晴れたなら幸いです。アジャイルソフトウェア開発宣言の「よりよい開発方法を見つけ出そうとしている」のように完全な正解はありません。さらなる進化をするために、ジャーニーの日々を一緒に送りましょう。

執筆陣を代表して　新井剛

謝辞

「この内容の書籍を、多くの組織でトランスフォーメーションが必要とされる時代に発刊できることを感謝いたします。多くのレビュワーのご協力、編集の田淵豪さん、そして共著を引き受けてくださった、小田中さん、新井さんのおかげです。ありがとうございました。」(市谷)

「忙しいなか、原稿のチェックやレビューにご協力いただいたナビタイムジャパンの菊池新さん、内田美穂さん、大橋章吾さん、佐藤史明さん、齋藤健悟さん。共に学び、実践し、成長したチームメンバー、そして元チームメンバーの皆。いつも笑顔で支えてくれる家族たち、楽、音、福、幸生。そして今回の執筆ジャーニーをともにした市谷さん、新井さん。本当に多くの方に支えられ本書を完成させることができました。ありがとうございます。」(小田中)

「アジャイル界隈の皆様といろいろな話をしてきたことや、一緒に働いたヴァル研究所の現場のカイゼンマインドを文章にしたためました。同僚、家族のフォローがあったこと、ありがたいと思うばかりです。また、レビューに協力していただいた脇野寛洋さん、熊野壮真さんありがとうございました。そして、市谷さんと小田中さんと執筆できた人生の出来事、私へのフォローに多くの労力を割いていただいた優しさを一生大切にしていきます。最後に編集の田淵豪さん。数え切れない校正工程を一緒に並走いただいたこと、3人を代表して感謝申し上げます。」(新井)

参考文献

本書の執筆にあたっては、以下の書籍やWebサイトなどから示唆を受けました。謝辞に代えて挙げさせていただきます

※アルファベット順、五十音順

『7つの習慣-成功には原則があった!』Stephen R. Covey著、ジェームス・スキナー訳、川西茂訳(キングベアー出版)

『Fearless Change アジャイルに効く アイデアを組織に広めるための48のパターン』Mary Lynn Manns著、Linda Rising著、川口恭伸監訳、木村卓央訳、ほか(丸善出版)

『FIND YOUR WHY あなたとチームを強くするシンプルな方法』サイモン・シネック著、デイビッド・ミード著、ピーター・ドッカー著、島藤真澄訳(ディスカヴァー・トゥエンティワン)

『LeanとDevOpsの科学[Accelerate] テクノロジーの戦略的活用が組織変革を加速する』Nicole Forsgren Ph.D.著、Jez Humble著、Gene Kim著、武舎広幸訳、武舎るみ訳(インプレス)

『Learn Better——頭の使い方が変わり、学びが深まる6つのステップ』アーリック・ボーザー著、月谷真紀訳(英治出版)

『SCRUM BOOT CAMP THE BOOK』西村直人著、永瀬美穂著、吉羽龍太郎著(翔泳社)

『Team Geek —Googleのギークたちはいかにしてチームを作るのか』Brian W. Fitzpatrick著、Ben Collins-Sussman著、及川卓也解説、角征典訳(オライリージャパン)

『The DevOps ハンドブック 理論・原則・実践のすべて』ジーン・キム著、ジェズ・ハンブル著、パトリック・ドボア著、ジョン・ウィリス著、長尾高弘訳(日経BP社)

『アジャイルサムライ——達人開発者への道』Jonathan Rasmusson著、西村直人監訳、角谷信太郎監訳、近藤修平訳、角掛拓未訳(オーム社)

『アジャイルな見積りと計画づくり 〜価値あるソフトウェアを育てる概念と技法〜』マイク・コーン著、安井力訳、角谷信太郎訳(マイナビ出版)

『アジャイルレトロスペクティブズ 強いチームを育てる「ふりかえり」の手引き』Esther Derby著、Diana Larsen著、角征典訳(オーム社)

『あたりまえを疑え。』澤円著(セブン&アイ出版)

『エクストリームプログラミング』Kent Beck著、Cynthia Andres著、角征典訳(オーム社)

『エンジニアリング組織論への招待 〜不確実性に向き合う思考と組織のリファクタリング』広木大地著(技術評論社)

『カイゼン・ジャーニー たった1人からはじめて、「越境」するチームをつくるまで』市谷聡啓著、新井剛著(翔泳社)

『クリストファー・アレグザンダーの思考の軌跡—デザイン行為の意味を問う』長坂一郎著(彰国社)

『サーバントリーダーシップ』ロバート・K・グリーンリーフ著、金井壽宏監修、金井真弓訳(英治出版)

『サブスクリプション・マーケティング——モノが売れない時代の顧客との関わり方』アン・H・ジャンザー著、小巻靖子訳(英治出版)

『スクラム現場ガイド スクラムを始めてみたけどうま

くいかない時に読む本』Mitch Lacey著、安井力訳、近藤寛喜訳、原田騎郎訳(マイナビ出版)

『チーム・ジャーニー 逆境を越える、変化に強いチームをつくりあげるまで』市谷聡啓著(翔泳社)

『「つながり」の創りかた—新時代の収益化戦略 リカーリングモデル』川上昌直著(東洋経済新報社)

『テスト駆動開発』Kent Beck著、和田卓人訳(オーム社)

『ペアプログラミング—エンジニアとしての指南書』ローリー・ウィリアムズ著、ロバート・ケスラー著、長瀬嘉秀訳(ピアソンエデュケーション)

『モブプログラミング・ベストプラクティス ソフトウェアの品質と生産性をチームで高める』マーク・パール著、長尾高弘訳、及部敬雄解説(日経BP)

『リーン・スタートアップ』エリック・リース著、伊藤穣一(MITメディアラボ所長)解説、井口耕二訳(日経BP)

『リーン開発の現場 カンバンによる大規模プロジェクトの運営』Henrik Kniberg著、角谷信太郎訳、市谷聡啓訳、藤原大訳(オーム社)

『一人から始めるユーザーエクスペリエンス』LEAH BULEY著、長谷川敦士監訳、深澤大気訳、森本泰平訳、高橋一貴訳、瀧知惠美訳(丸善出版)

『正しいものを正しくつくる プロダクトをつくるとはどういうことなのか、あるいはアジャイルのその先について』市谷聡啓著(ビー・エヌ・エヌ新社)

『他者と働く——「わかりあえなさ」から始める組織論』宇田川元一著(ニューズピックス)

『変革の軌跡 世界で戦える会社に変わる"アジャイル・DevOps"導入の原則』Gary Gruver著、Tommy Mouser著、吉羽龍太郎訳、原田騎郎訳(技術評論社)

DX Criteria https://github.com/cto-a/dxcriteria

IT業界の業務委託を例に準委任契約と請負契約の違いを表にまとめました https://proengineer.internous.co.jp/content/freelance/5842

アジャイルソフトウェア開発宣言 https://agilemanifesto.org/iso/ja/manifesto.html

アジャイル開発概要 https://slide.meguro.ryuzee.com/slides/63

スクラムガイド https://www.scrumguides.org/docs/scrumguide/v2017/2017-Scrum-Guide-Japanese.pdf

それはYAGNIか?それとも思考停止か? https://www.slideshare.net/kawasima/yagni

ファン・ダン・ラーン(FDL)ふりかえりボード @yattom https://qiita.com/yattom/items/90ac533d993d3a2d2d0f

質とスピード(2020春版) https://speakerdeck.com/twada/quality-and-speed-2020-spring-edition

準委任契約とは?請負契約と委任契約との違いを徹底解説 https://itpropartners.com/blog/7313/

索引

● スタッフリスト

カバー・本文デザイン	米倉英弘（細山田デザイン事務所）
カバー・本文イラスト	東海林巨樹
撮影協力	渡　徳博（株式会社ウィット）
DTP	町田有美・田中麻衣子
デザイン制作室	今津幸弘
	鈴木　薫
制作担当デスク	柏倉真理子
編集協力	浦上諒子
副編集長	田淵　豪
編集長	藤井貴志

■商品に関する問い合わせ先
このたびは弊社商品をご購入いただきありがとうございます。本書の内容などに関するお問い
合わせは、下記のURLまたはQRコードにある問い合わせフォームからお送りください。

https://book.impress.co.jp/info/

上記フォームがご利用頂けない場合のメールでの問い合わせ先
info@impress.co.jp

※お問い合わせの際は、書名、ISBN、お名前、お電話番号、メールアドレス に加えて、「該当する
ページ」と「具体的なご質問内容」「お使いの動作環境」を必ずご明記ください。なお、本書の範囲
を超えるご質問にはお答えできないのでご了承ください。

● 電話やFAXでのご質問には対応しておりません。また、封書でのお問い合わせは回答までに日数をいた
だく場合があります。あらかじめご了承ください。
● インプレスブックスの本書情報ページ https://book.impress.co.jp/books/1119101090 では、本書
のサポート情報や正誤表・訂正情報などを提供しています。あわせてご確認ください。
● 本書の奥付に記載されている初版発行日から 3 年が経過した場合、もしくは本書で紹介している製品や
サービスについて提供会社によるサポートが終了した場合はご質問にお答えできない場合があります。

■落丁・乱丁本などの問い合わせ先
　FAX　03-6837-5023
　service@impress.co.jp
　※古書店で購入された商品はお取り替えできません。

いちばんやさしいアジャイル開発の教本

人気講師が教える DX を支える開発手法

2020 年 5 月 1 日　　初版発行
2024 年 6 月 1 日　　第 1 版第 5 刷発行

著　者　　市谷聡啓、新井剛、小田中育生

発行人　　小川 亨

編集人　　高橋隆志

発行所　　株式会社インプレス
　　　　　〒 101-0051 東京都千代田区神田神保町一丁目 105 番地
　　　　　ホームページ https://book.impress.co.jp/

印刷所　　株式会社ウイル・コーポレーション